绿 色 化 学 导 论

（An Introduction to Green Chemistry）

徐汉生　编著

武 汉 大 学 出 版 社

内 容 简 介

绿色化学是当今国际化学科学研究的前沿，是发展生态经济和工业的关键和实现可持续发展战略的重要组成部分。

本书从绿色化学的各个重要方面作了深入浅出地论述，是一本内容新颖的入门教材。适用于大专院校本科生和研究生有关专业的教学，也可作为有关科研院所、厂矿部门的研究人员、技术人员与管理人员的参考用书。

图书在版编目(CIP)数据

绿色化学导论/徐汉生编著．—武汉：武汉大学出版社，2002.12(2014.7重印)

高等学校本科生化学系列教材

ISBN 978-7-307-03731-1

Ⅰ.绿…　Ⅱ.徐…　Ⅲ.化学工业—无污染技术—高等学校—教材

Ⅳ.X78

中国版本图书馆CIP数据核字(2002)第079015号

责任编辑：夏炽元　　责任校对：黄添生　　版式设计：支　笛

出版发行：**武汉大学出版社**　(430072　武昌　珞珈山)

(电子邮件：cbs22@whu.edu.cn 网址：www.wdp.com.cn)

印刷：黄石市华光彩色印务有限公司

开本：787×1092　1/16　印张：7.25　字数：171千字

版次：2002年12月第1版　　2014年7月第6次印刷

ISBN 978-7-307-03731-1/X·11　　定价：18.00元

目　录

前　言…………………………………………………………………… I

第一章　绪论………………………………………………………………… 1
1.1　世纪之交对化学工业的回顾与展望 ………………………………… 1
1.1.1　20 世纪化学工业的成就…………………………………………… 1
1.1.2　化学工业带来的环境问题 ………………………………………… 1
1.1.3　可持续发展战略方针……………………………………………… 3
1.1.4　21 世纪化学工业的展望…………………………………………… 4
1.2　绿色化学的概念 ……………………………………………………… 5
1.2.1　绿色化学定义 ……………………………………………………… 5
1.2.2　研究绿色化学所遵循的原则(简称为双十二条) ………………… 5
1.2.3　绿色化学在国外的发展概况 ……………………………………… 7
1.2.4　绿色化学在我国的发展概况 ……………………………………… 9
1.2.5　绿色化学阅读参考资料…………………………………………… 9
参考文献 ……………………………………………………………………… 12

第二章　化工生产中的环境影响评估……………………………………… 14
2.1　E-因子 ……………………………………………………………… 14
2.2　原子利用率 …………………………………………………………… 14
2.3　环境商 ………………………………………………………………… 15
2.4　工艺研究与开发中的绿色化学量度 ………………………………… 16
2.5　应用生命周期评估法对生产过程进行环境评价 …………………… 18
参考文献 ……………………………………………………………………… 19

第三章　利用再生资源开发化工产品……………………………………… 20
3.1　再生资源重新受到重视 ……………………………………………… 20
3.2　再生资源是丰富的化工原料 ………………………………………… 21
3.3　在分子水平上认识再生资源 ………………………………………… 23
3.3.1　生命与地球生物圈的化学逻辑…………………………………… 25
3.3.2　植物光合作用与次生代谢产物…………………………………… 26
3.4　利用再生资源开发精细化工产品 …………………………………… 27
3.4.1　大宗化工原料、中间体与产品 …………………………………… 27

3.4.2 具有生物活性的天然产物作为靶标分子,进行结构修饰、改性 …… 28
3.4.3 生源合成的启示——仿生合成 …… 31
3.4.4 农副产品的综合利用 …… 32
3.5 以生态学为指导,科学地利用再生资源 …… 35
参考文献 …… 36

第四章 催化反应——一种重要的清洁工艺 …… 38
4.1 清洁工艺是当今工业发展的一种新模式 …… 38
4.2 催化反应是适用于有机合成的清洁工艺 …… 38
4.3 催化氧化 …… 42
4.4 催化还原 …… 46
4.5 催化法形成C—C键 …… 47
4.6 生物催化 …… 49
参考文献 …… 53

第五章 绿色溶剂 …… 55
5.1 水 …… 55
5.2 离子液体 …… 58
5.3 超临界 CO_2 作为溶剂 …… 62
5.4 无溶剂有机合成 …… 62
参考文献 …… 63

第六章 提高有机合成效率的有关技术 …… 65
6.1 概述 …… 65
6.2 相转移催化反应 …… 66
6.2.1 相转移催化反应机理及工业流程 …… 66
6.2.2 相转移催化剂 …… 67
6.2.3 相转移催化剂在有机精细化工生产中的应用 …… 68
6.2.4 在化学工业中应用PTC所显示出的优点 …… 68
6.3 手性技术 …… 69
6.3.1 概述 …… 69
6.3.2 手性技术发展概况 …… 71
6.3.3 重要的手性合成举例 …… 72
6.4 电(解)合成 …… 75
6.5 超声波在化学工业中的应用 …… 77
6.6 微波促进有机化学反应 …… 78
参考文献 …… 80

第七章　生物技术在绿色合成中的应用 …… 82
7.1　概述 …… 82
7.2　生物催化与仿生催化 …… 85
7.2.1　酶工程 …… 85
7.2.2　模拟酶 …… 87
7.2.3　化学酶(Chemenzyme) …… 89
7.2.4　催化抗体 …… 89
7.3　细胞培养与组织培养 …… 90
7.4　发酵工程 …… 93
参考文献 …… 94

第八章　产品与工艺的绿色化革新与组合 …… 96
8.1　概述 …… 96
8.2　综合运用高新技术对现有的产品与工艺进行绿色化技术改造 …… 97
8.3　零排放——工业生态学 …… 100
参考文献 …… 101

第九章　绿色化学的展望 …… 102
9.1　绿色化学的发展方向 …… 102
9.2　我国的绿色化学研究战略 …… 103
9.3　十项可能改变环境的新技术(美国) …… 103
9.4　日本专家建议确立新化学工程技术体系 …… 104
9.5　绿色工艺与绿色产品的展望 …… 104
参考文献 …… 106

编　后 …… 107

前 言

教育部要求学校及时更新教学内容,有关负责人指出:数十年如一日的“爷爷教材”明显落后于国内社会发展实际需要和科学技术发展形势。要求改革落后的教学内容,使其贴近社会、贴近生活、贴近时代,以培养学生健全的思维能力。(《人民日报》海外版 2001. 12. 7;转引自《报刊文摘》2001. 12. 13,第 1 版)

为了响应这一号召,不揣冒昧将近年来多次作的有关“绿色合成”专题讲座的一些讲稿汇集起来,整理成为这本教材。

“古之学者必有师。师者,所以传道、授业、解惑也”(韩愈,《师说》),处于知识经济的时代,教师的职责之一,就是要以高科技为内容来授业。

“圣人无常师”,“孔子曰:‘三人行,则必有我师焉’,是故弟子不必不如师,师不必贤于弟子,闻道有先后,术业有专攻,如此而已”(韩愈,《师说》)。当前科技发展迅猛,知识更新快,在高科技面前,师与弟子往往处在同一起跑线上,所以化学界前辈学者唐敖庆教授就曾说过,好的教师要与学生一起,在自己也不熟悉的领域中去探索。

绿色化学是 20 世纪 70 年代为了适应科技发展与环保需要,蓬勃发展起来的新领域。它是化学、化学工程与环境科学、生命科学等交互渗透而发展起来的边缘学科,对于原有各专业的人而言,都是自己所不熟悉的领域,而要师生一起去努力探索。

京剧艺术大师梅兰芳博士曾向别人介绍他的学艺过程,可以概括为“少、多、少”三个字。第一个“少”是入门,真正的少;然后是博览众家之长,广泛吸收他人之经验,进入“多”的阶段;第三阶段是去粗取精,去伪存真,学中有创,形成自己的流派——梅派艺术,此时就是第二个少——少而精之“少”。

大师的成就令人无限敬仰,望尘莫及。而其学习方法则给人以深刻的启迪。记得在 20 世纪 60 年代初,刚接触元素有机化学这一新领域时,我的老师曾昭抡教授曾多次告诫我们,要善于吸取前人的经验,他说:“只有第一流的专家才能写出第二手的文献(综论 Review),要善于通过学习第二手文献来进入新领域,才能收事半功倍之效。”曾先生桃李遍天下、学术成果累累,以花甲之龄尚能不断地向新学科领域进军,此乃他的经验之谈。与上述梅先生的经验实属异曲同工,隔行而不隔理。学习第二手文献,也就是利用前人的第二个“少”来作为自己入门的第一个“少”,确有事半功倍之效。

近二十年来,随着社会的需要与科技的发展,绿色化学的综论文章如雨后春笋,层出不穷,给我们的学习带来了方便,提供了“巨人之肩”,使我们能站立其上去攀登。本教材充分利用了这些文献。在此向这些前辈学者们致以崇高的敬意。

为了便于教学，本教材力求做到观点新、材料精，涉及面要广，让初学者对绿色化学有个较全面概括性的了解。尽可能地提供一些综述性的文献条目，供读者进一步钻研，使浅尝者有个完整的概念，而欲深入钻研者有可循的登山途径。如能做到这点，编辑这本教材的目的就达到了。限于编者的水平与精力，错误与遗漏之处定然不少，敬请使用本书的读者们批评指正。

编　者

2002 年 5 月

第一章　绪　　论

1.1　世纪之交对化学工业的回顾与展望

1.1.1　20 世纪化学工业的成就

国内外化学科学的记录，以及化学工业的发展和成就，使我们有理由对未来充满信心。化学在第二次工业革命中扮演了重要的角色，化学工业是最先利用科学研究成果的工业部门，从那时起，化学科学与化学工业一直并肩前进、相互联系、相互促进。这种理论和应用，学院和工业间的接触，是化学工业保持先进技术和惊人发展速度的真正原因。

从国内外历年的统计数据可以看出，化学工业在国民经济中的发展速度超出其他部门。图 1-1 表明了化学工业百年来的进展[1]。

1.1.2　化学工业带来的环境问题

我们只有一个地球,它是人类赖以生存的空间。

美国马里兰大学 Robert Costanza 领导的科研组经过 15 年努力研究,写成一篇题为“The value of the world's ecosystem services and natural capital”(世界生态系统服务与天然资源的价值),发表在 Nature, 1997 vol 387 上[2]。该文认为:“地球平均每年向人类无偿提供的各种服务总价值高达 33 万亿美元,超过每年全球各国国民生产总值之和”,因此,他们呼吁要珍惜地球的宝贵资源。

世界自然基金会 1998 年 10 月 1 日发表题为“活的地球指数”报告,指出 1970～1995 年的 25 年间,地球损失了 1/3 以上的自然资源(《人民日报》1998.10.3;《中国剪报》1998.10.23,第 4 版)。

罗马俱乐部曾经发表过《增长的极限》,文章警告说,经济如果无限增长的话,用不了 100 年,地球上大部分天然资源将会枯竭[3]。

这是人类自己造成的后果,环境正在加紧对人类施行报复。

化学工业是仅次于核工业的第二污染大户,据统计全世界每年生产的人工合成的有毒化合物约 50 万种,共 400 万吨,所有这些物质,几乎近一半滞留在大气和江、河、湖、海内,每年还将有 18 万吨的铅和磷,3000 万吨的汞以及各种有毒重金属流入水体内,另外,每年还有 200 万吨石油流进海洋[4]。

据最新报道，10 个污染大户 1996 年排到空气中的致癌物质竟有成百上千吨[5]（见表 1-1）!

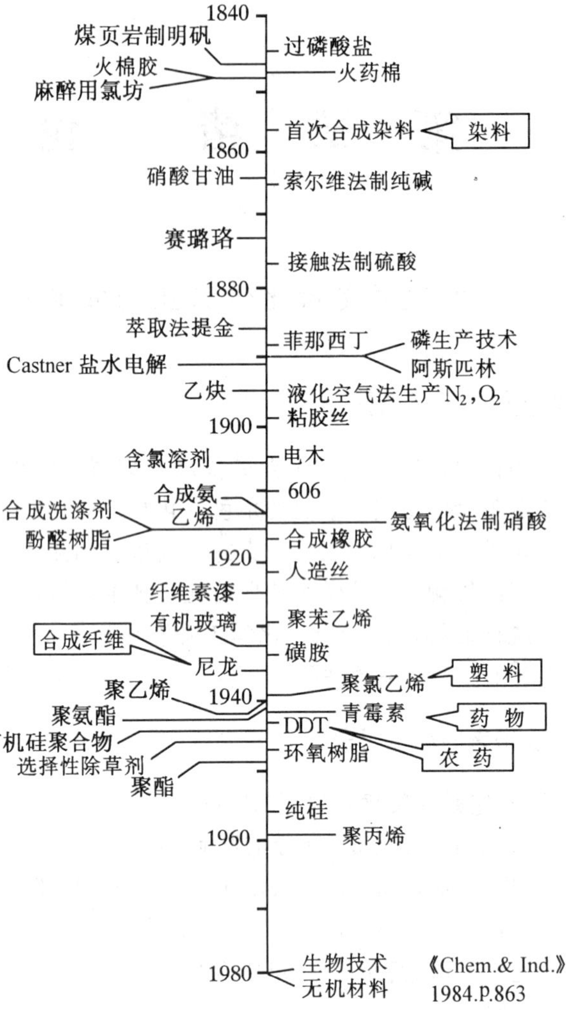

图 1-1　1840 年至今化学工业的重大发明创造

Fig. 1-1　Innovation in the chemical industry from 1840 to the present day

我国环境污染严重,据计算以 1993 年价格指数作为折合参数,我国 20 世纪 90 年代初的污染损失已高达 1 000 亿元以上,占 1993 年国民生产总值(GNP)的 3%(《经济与信息》1996 年第 3 期;摘自《报刊文摘》1996.4.11,第 2 版)。

中国社会科学院最新公开发表的一份报告显示:根据估算,1995 年环境污染和生态破坏对我国造成的经济损失达 1875 亿元,占当年 GDP 值的 3.27%,环境已成了发展的最大代价,并且这种代价还会呈放大效应(《广州文摘》,42 期 4 版)。

1993 年美国化学工业产生了 350 兆吨(MT)有毒物质——远远超过了每人每天 10 磅——其处理费用为 200 亿美元,到 2000 年产生有毒物质 500MT,处置费用要 400 亿美元[6]。

二次大战以后,世界主要化学工业产生污染的情况见表 1-2[7]。

表 1-1　　10 个污染大户 1996 年排到空气中的致癌物

	Company	Town	Region	Carcinogens
				t/a
1	Associated Octel	South wirral	Northwest	5340
2	ICI Runcorn	Runcorn	Northwest	2150
3	Glaxochem	Ulverston	Northwest	813
4	EVC	Thornton-Cleveleys	Northwest	761
5	ICI North Tees	Middlesborough	Northwest	575
6	ICI Wilton	Middlesborough	Northwest	361
7	Courtaulds	Lancaster	Northwest	354
8	Zeneca	Huddersfield	Yorkshire	276
9	Recticel	Derby	East Midlands	233
10	Dow Chemical	King's Lynn	Eastern	118

Source: Environment Agency / Friends of the Earth. ,Chem. & Ind. 1999 15Feb. p. 123

Tab. 1-1　Top ten polluters emissions of recognised carcinogens to air, 1996

表 1-2　　二次大战后,世界主要化学工业产业污染的情况

Pollutant	Annual production				Increase(%)
	Year	Amount	Year	Amount	
Inorganic fertilizer nitrogen	1949	0.91×10^6t	1968	6.8×10^6t	648
Synthetic organic pesticides	1950	286×10^6lb	1967	$1\,050\times10^6$lb	267
Detergent phosphorus	1946	11×10^6lb	1968	214×10^6t	1 845
Tetraethyl lead**	1946	0.048×10^6t	1967	0.25×10^6t	415
Nitrogen oxides**	1946	10.6*	1967	77.5*	630
Beer bottles	1950	6.5×10^6gross	1967	45.5×10^6gross	595

* Dimension = NO_x(ppm) × gasoline consumption(gal × 10^{-6}); estimated from product of passenger vehicle gasoline consumption and ppm of NO_x emitted by engines of average compression ration 5.9 (1946) and 9.5 (1967) under running conditions, at 15 in manifold pressure. NO_x emitted: 500 ppm in 1946: 1 200 ppm in 1967. ** Automotive emissions.

Tab 1-2　Post-war increases in pollutant emissions

英国前首相丘吉尔(Sir Winston Churchill)曾经说过:"人类今天正处在其命运攸关的时刻。科学,一方面日新月异地展现出了巨大美好的前景,另一方面又造成了过分自我毁灭的陷阱。这是过去从未知道,或者说是意想不到的[6]"。

今天,当人类已进入 21 世纪的时刻,这些话仍有现实意义。有人惊呼 20 世纪是"全球规模环境破坏的世纪"[3],这是发人深省的。

1.1.3　可持续发展战略方针

科学进步对环境造成的最严重危害之一,就是损及全世界的生态链。

1962 年美国的卡逊(R. Carson)出版了《寂静的春天》(Silent Spring)[8]一书。作者通俗易懂地描述了技术革命对自然环境带来的破坏,重新提出了生态平衡问题,引起了世界各

国朝野人士的广泛关注。

1972年6月5～12日在斯德哥尔摩召开了联合国人类环境第一届会议，有113个国家参加，会议通过了全球性保护环境的行动计划和《人类环境宣言》，通过了每年6月5日为世界环境日。

1992年6月3～14日联合国环境与发展大会（地球首脑会议）在巴西里约热内卢顺利召开，有180多个国家和地区代表团和代表、102个国家元首或政府首脑参加，通过了五个文件——里约热内卢环境发展宣言；21世纪日程；生物多样性公约；防止全球气候变暖公约；有关森林保护原则的声明[9]。

在此期间，各国政府、产业部门、大学、研究院所分别召开了各自的会议以及国际性的会议，形成了一片“绿色的浪潮”。

2002年9月2～11日在南非(South Africa)首都约翰内斯堡(Johannesburg)召开了世界首脑可持续发展会议(World Summit on Sustainable Development, WSSD)，化学工业将面临来自经济、社会、环境等各方面的挑战，来进一步改进工作(Watkins, K. J.,C & EN. 2002 April 22,pp.15-22)。

对于化学工业而言，环境治理并不是新问题，可以分为三个阶段：20世纪70年代至80年代中期是第一阶段，这时麻烦并不多，从20世纪80年代中期起为第二阶段，主要是防止跑、冒、滴、漏。20世纪90年代为第三阶段，环保的要求高了，要求采用可持续发展的生产方式，即清洁工艺或绿色合成，包括原料的循环使用，从源头上消除或减少污染[10]。

可持续发展(sustainable development)是20世纪80年代中期在一些文章和文件中出现的，其意义是：“可持续发展系指满足当前需要而又不削弱子孙后代满足其需要之能力的发展，而且绝不包含侵犯国家主权的含义。”这是勃兰特报告(Brundtland report)提出并得到奥斯陆世界环发会议(1987年)认可的。

在第9次全国环保会议上，江泽民同志作了“必须把实施可持续发展战略始终作为大事来抓”的指示[11]。

实施可持续发展战略是一场深刻的社会变革，国内外的实践已经表明，国民经济与社会发展不能走“先污染、后治理”的路线，必须按可持续发展的要求，全方位调整产业结构，提高各行各业的技术水平，要实现工业清洁生产，控制污染排放[12]。

1997年5月国务院第56次常务会议通过了《中华人民共和国可持续发展国家报告》(《人民日报》1997.5.8，第1版)。

总之，防治污染的首选方案就是不产生污染，就是要搞绿色合成、清洁工艺，这是化学工业执行可持续发展方针的必由之路。

1.1.4 21世纪化学工业的展望

化学工业在历次产业革命中都扮演着重要角色，化学作为分子科学的基础，影响动物、植物和人类生活及环绕我们的物质世界。世界上如果没有化学工业，就会没有现代化的医学、交通、通信与生活消费品。

生物技术与材料科学是当前科学研究中最激动人心的领域，从实质上看，它们是真正的化学科学。前美国化学会主席Mary L. Good说：“生物技术与材料科学的发明与进步，背后起作用的都是化学”，他又说：“没有分子科学，即化学，所有这些进展都是不可能得到的”[13]。

日本的生物化学家江上 不二夫认为:“新的化学和化学工业的时代将于21世纪到来”。其特征就是“把现在的化学和化学工业的长处和生物体系中化学的长处结合起来的新的化学和化学工业”、“21世纪的化学和化学工业可以创造为人类服务的各种奇妙的物质”。因此,他预言“21世纪一定是化学和化学工业的时代”[14]。

1989年在环太平洋化学会议(PACIFICHEM'89)上,专家们认为随着社会的变革与市场的需求,化学工业将变得更重要,21世纪新的化学将是传统的化学(研究分子与分子聚集态)与其他的前沿科学技术如生物技术、电子学技术相结合而产生的,21世纪将形成新的化学时代。

W. H. Clive Simmonds 认为21世纪的问题是分子或生物分子的问题,他说:“21世纪可以认为是化学的世纪,如同20世纪是物理的世纪一样”[15]。

20世纪初,发展化学工业靠的是技术创新(Innovation),21世纪新时代,化学工业的发展寄托在创新的绿色化学(Innovative green chemistry)之上[16]。在21世纪,化学不绿色化,化学工业就不能够现代化,化工产品就不会有国际市场[17]。

1.2 绿色化学的概念

1.2.1 绿色化学定义

绿色化学(Green Chemistry)又称环境无害化学(Environmentally Benign Chemistry)、环境友好化学(Environmentally Friendly Chemistry)、清洁化学(Clean Chemistry)。绿色化学即是用化学的技术和方法去减少或消灭那些对人类健康、社区安全、生态环境有害的原料、催化剂、溶剂和试剂、产物、副产物等的使用和产生。必须指出,绿色化学不同于一般的控制污染。绿色化学的理想在于不再使用有毒、有害的物质,不再产生废物,不再处理废物。它是一门从源头上阻止污染的化学。治理污染的最好办法就是不产生污染[17]。

1.2.2 研究绿色化学所遵循的原则(简称为双十二条)

按照 R. Sheldon 的说法,要达到无害环境的绿色化学目标,在制造与应用化工产品时,要有效地利用原材料,最好是再生资源;减少废弃物量,并且不用有毒与有害的试剂与溶剂。

为了达到此目标,Anastas & Warner 提出了著名的十二条绿色化学原则(Twelve Principles of Green Chemistry),作为开发环境无害产品与工艺的指导,这些原则涉及合成与工艺的各个方面。例如溶剂、分离、能源与减少副废产物等[18][19],简称前十二条,它们是:

1. 预防(Prevention):防止废物的产生比产生废物后进行处理为好。

2. 原子经济性(Atom Economy):设计的合成方法应当使工艺过程中所有的物质都用到最终的产品中去。

3. 低毒害化学合成(Less Hazardous Chemical Syntheses):设计的合成方法中所采用的原料与生成的产物对人类与环境都应当是低毒或无毒的。

4. 设计较安全的化合物(Designing Safer Chemicals):设计生产的产品性能要考虑限制其毒性。

5. 使用较安全的溶剂与助剂(Safer Solvents and Auxiliaries):如有可能就不用辅助物质

(溶剂、分离试剂等),必须用时也要用无毒的。

6.有节能效益的设计(Design for Energy Efficiency):化工过程的能耗必须节省,并且要考虑其对环境与经济的影响。如有可能,合成方法要在常温、常压下进行。

7.使用再生资源作原料(Use of Renewable Feedstock):使用可再生资源作为原料,而不是使用在技术与经济上可耗尽的原料。

8.减少运用衍生物(Reduce Derivatives):如有可能,减少或避免运用生成衍生物的步骤(如用封闭基因、保护/脱保护、暂时修饰的物理/化学过程),因为这些步骤要用外加试剂并且可能产生废弃物。

9.催化反应(Catalysis):催化剂(选择性)优于计量反应试剂。

10.设计可降解产物(Design for Degradation):化学产物应当设计成为在使用之后能降解成为无毒害的降解产物而不残存于环境之中。

11.及时分析以防止污染(Real Time Analysis for Pollution Prevention):要进一步开发分析方法,使其可及时现场分析,并且能够在有害物质生成之前就予以控制。

12.采用本身安全、能防止发生意外的化学品(Inherently Safer Chemistry for Accident Prevention):在化学过程中,选用的物质以及该物质使用的形态,都必须能防止或减少隐藏的意外(包括泄漏、爆炸与火灾)事故发生。

这些原则十分全面,大多数的化学家、工程师从中得到教益并用以指导工作,由于化学家们所不熟悉的技术、经济以及其他原因,在执行中也有一些失误的。

《Environ. Sci. & Tech.》杂志的编辑 W. H. Glage 认为化学转化的绿色(Greenness)程度,只有在放大(scale-up)、应用(application)与实践(practice)中才能评估。这就要求在技术、经济与工业所导致的一些竞争的因素之间作出权衡。

为了补充 Anastas & Wanner 的不足,结合 Glage 的意见,利物浦大学(Univ of Liverpool)化学系 Leverhulm 催化创新中心(Leverhulm Centre for Innovative Catalysis)的 Neil Winterton 提出另外的绿色化学原则十二条(Twelve more principles of green chemistry)(简称后十二条)以帮助化学家们评估每个工艺过程的相对"绿色"性,后十二条的内容为[19]:

1.鉴别与量化副产物(Identify and quantify by-products)。

2.报道转化率、选择性与生产率(Report conversions, selectivities and productivities)。

3.建立整个工艺的物料衡算(Establish full mass-balance for process)。

4.测定催化剂、溶剂在空气与废水中的损失(Measure catalyst and solvent losses in air and aqueous effluent)。

5.研究基础的热化学(Investigate basic themochemistry)。

6.估算传热与传质的极限(Anticipate heat and mass transfer limitation)。

7.请化学或工艺工程师咨询(Consult a chemical or process engineer)。

8.考虑全过程中选择化学品与工艺的效益(Consider effect of overall process on choice of chemistry)。

9.促进开发并应用可持续性量度(Help develop and apply sustainability measases)。

10.量化和减用辅料与其他投入(Quantity and minimize use of utilities and other inputs)。

11.了解何种操作是安全的,并与减废要求保持一致(Recognize where safety and waste minimization are incompatible)。

12. 监控、报道并减少实验室废物的排放(Monitor, report and minimize laboratory waste emitted)。

后十二条可用来评估一个工艺过程的绿色性,并与其他的工艺相比较。详细内容另有报道[20][21](参看本书第二章)。

闵恩泽、傅军的“绿色化学的进展”[22]中用一个简图将上述原则表达出来,使人一目了然。

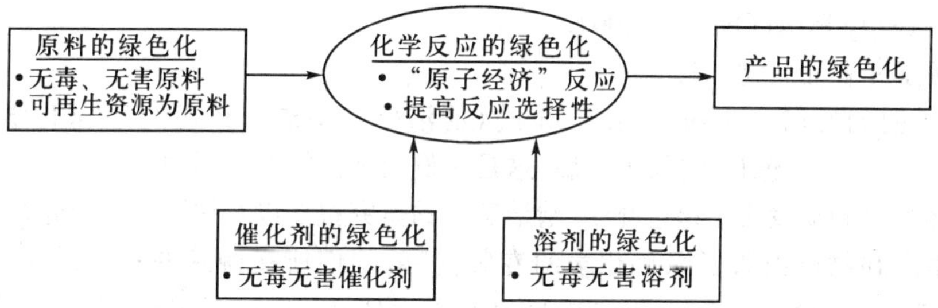

这张图的优点除了简明之外,还表明了绿色化学的整体性以及化学反应、原料、催化剂、溶剂和产品的绿色化之间的相互关系。

从另一方面来看,绿色化学的出现又推动了现代化学面向社会生活的伸展[33],如下图所示:

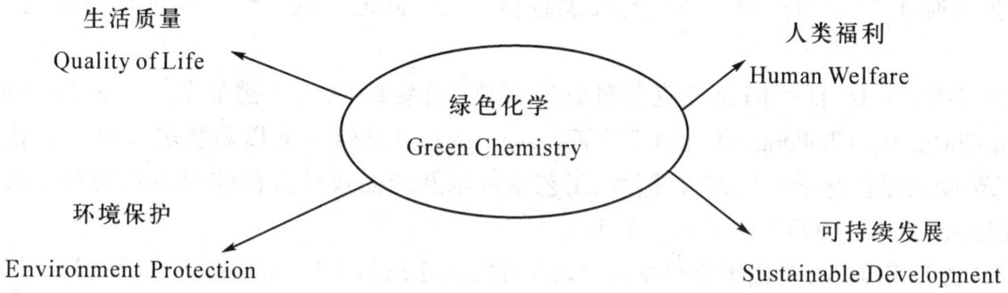

1.2.3 绿色化学在国外的发展概况

在《Chem. Br.》1996, Dec. pp. 45-47 上有一篇题为“清洁合成”(Cleaner Synthesis)的文章,作者写道:四年前(1992)他开始考虑清洁合成时,以 Clean 为关键词去查文献,几乎没有什么收获,可是现在则大不一样,20 世纪 90 年代在可持续发展方针的指引下,绿色化学得到了迅速的发展,表现有以下几方面:

1. 出版了专著,如:

①NATO ASI Series Partnership sub series 2 Environment Vol 2.《Cleaner Technologies and Cleaner Products for sustainable Developments》. Edited by H. M. Freman, Z. Puskas and R. Olbina. Springer-verlag Berlin Heidelbary 1995.

②P. T. Anastas and T. C. Williamson (Eds),《Green Chemistry: Frontiers in Chemical synthesis and Processes》, Oxford University Press. Oxford(1998).

③P. T. Anastas and C. A. Farris (Eds).《Benign by Design: Alternative Synthetic Design for Pollution Prevention》, ACS Symp. Ser n. 577 Washington D.C (1994).

④P. Tunds and P. T. Anastas (Eds).《Green Chemistry: Challenging Perspectives》. Oxford University Press Oxford(2000).

2. 出版了专业性刊物,如:

1993 年创刊的《J. Cleaner Production》(清洁生产杂志);1999 年皇家化学会创办的《Green Chemistry》(绿色化学)及电子版,这是一份国际性的专业刊物。

3. 许多学术刊物发表了绿色化学、清洁工艺的研究报告以及评述与知识介绍的文章,有些著名的学术刊物还出版了绿色化学的专集,仅就我们所接触到的就有:《J. Chem. Educ.》1995 72(1);《New J. Chem.》1996 20(2);《Recl. Trav. Chim. Pays-Bas》1996 115 (4);《Pure & Appl. Chem.》, 2000 72(7);《Pure & Appl. Chem.》2001 73(8)。

4. 举办了有关的各国(内)与国际会议。各国政府、产、学、研各界推出了一些相应的举措,举例如下:

* 1972.6.5~16 日联合国人类环境会议(斯德哥尔摩)有 113 个国家参加,通过了《人类环境宣言》,并定每年 6 月 5 日为世界环境日。

* 1992.6.3~14 日联合国环境与发展大会(地球首脑会议,里约热内卢),180 个国家与地区代表团和代表参加,其中有 102 个国家或政府首脑,李鹏率中国代表团参加了本次会议。大会通过了"里约热内卢环境与发展宣言"、"21 世纪日程"与"生物多样性公约"等文件。

* 1995.3.16 日美国总统克林顿宣布建立"总统绿色化学挑战奖"(The Presidential Green Chemistry Challenge Awards, PGCC Awards),这是惟一的以总统名义颁布的化学单项奖,奖励在绿色化学合成方法、路线、工艺条件以及产品设计方面作出贡献的单位与个人(J. Chem. Educ.,1999 76 (12),p.1639)。

* 1997 年初夏,美国国家科学院(National Academy of Science)在华盛顿召开了第一届绿色化学与工程学术会议(The first Green Chemistry & Engineering Conference),有 300 人参加,有 64 篇报告,会议期间将 PGCC 奖授予四个化学公司与一位化学家(C & EN, 1997 Augst 4. pp. 35-43)。此后每年都颁发了 PGCC 奖,2001 年的 PGCC 奖参见《Green Chemistry》2001 August, pp. G47-51。

* 1998 年意大利化学会召开了主题为"Friendly Processes: A Recent Break Through in Organic Chemistry (友好工艺:有机化学中的一个最新突破)的会议。1998 年由欧洲议会资助,在意大利威尼斯(Venice)举办了第一次暑期绿色化学班,内容为研究者的训练与活动(Angew. Chem. 1999 38(7),p.909)。

* 英国皇家化学会的外围组织绿色化学网(GCN)将促进绿色化学行动,向化学家和公众宣传可持续发展的利益。GCN 将在工业部门、学术界和学校促进绿色化学的认识、教育、培训和实践。GCN 的活动中心开始将设在 York 大学的新大学清洁技术中心内,未来的一

代很可能将这一时期视为化学工业的分水岭,1998 年 8 月已在美国波士顿美国化学会议上召开过绿色化学会议。2000 年英国皇家化学会已是绿色化学会议的东道主(化学通讯,1999(3):23)。

* 1992 年来自世界 14 个国家的科技、产业界人士在莫斯科召开了第八次“CHEMRAWN”(CHEMical Research Applied to World Needs)会议(C & EN.,1992 Nov.9,p.7-12,pp41-42)集中讨论化学工业如何持续发展,减少三废,并交流了清洁生产的有关工艺技术。1996 年 9 月在韩国汉城召开了第九次 CHEMRAWN 会议,讨论可持续性生产、原材料的利用处理与回收再利用等问题(化学通讯,1996(4):28)。2001 年 6 月 9~13 日在美国 Boulder. Colorado 由 IUPAC 召开了第 14 次 CHEMRAWN 会议,主题是 Green Chemistry: Toward Envicoznmentally Benign Processes and Products(绿色化学:面向环境无害的工艺与产品),会上的一些论文汇集在 Pure & Appl. Chem.,2001 73 (8)中发表。

1.2.4 绿色化学在我国的发展概况[24]

我国科学界对绿色化学给予了高度重视,在 1994 年我国政府制定的《中国 21 世纪议程;中国 21 世纪人口、环境与发展白皮书》的指导下,1995 年中国科学院化学部确定了《绿色化学与技术——推进化工生产可持续发展的途径》的院士咨询课题,并“建议国家科技部组织调研,将绿色化学与技术研究工作列入‘九五’基础研究规划”;1997 年国家自然科学基金委员会与中国石油化工集团公司联合资助了“九五”重大基础研究项目“环境友好石油化工催化化学与化学反应工程”;中国科学技术大学绿色科技与开发中心在该校举行了专题讨论会,并出版了“当前绿色科技中的一些重大问题”论文集;香山科学会议以“可持续发展问题对科学的挑战——绿色化学”为主题召开了第 72 次学术讨论会,1998 年以来,我国已连续举办了三届国际绿色化学高级讨论会;《化学进展》1998 10(2)出版了绿色化学专集;1999 年 12 月国家自然科学基金委员会召开了《绿色化学的基本科学问题》九华论坛会,上述活动推动了我国绿色化学的发展。

1.2.5 绿色化学阅读参考资料

[1] 闵恩泽,傅军.绿色化学的进展.化学通报,1998(1):10~15

[2] 陆熙炎.绿色化学与有机合成及有机合成中的原子经济性.化学进展,1998 10(2):123~130

[3] 朱清时.绿色化学与可持续发展.中国科学院刊,1997(6):415~420

[4] 侯宏卫,贺启环.绿色化学进展.上海化工,2001(9):4~7

[5] 徐汉生,刘秀芳.绿色合成.湖北化工,1997(1):5~8

[6] 黄培强,高景星.绿色合成:一个逐步形成的学科前沿.化学进展,1998 10(3):265~272

[7] 曹庭美,宋心绮.化学家应是环境的朋友.大学化学,1995 10(6):25~31

[8] 梁文平,唐晋.当代化学的一个重要前沿——绿色化学.化学通讯,2000(5):5~7

[9] 梁文平,唐晋.绿色化学——解决 21 世纪环境、资源问题的根本出路之一.自然科学进展,2000 10(12):1143~1145

[10] 朱清时.绿色化学的进展.大学化学,1997 12(6):7~11

[11] 黄汉生.化学合成中绿色技术的研究开发.化工科技动态,1995(7):10～12
[12] Lester, T. Cleaner Synthesis. Chem. Brit. 1996 Dec. p. 45
[13] Sheldon, R. A. Organic synthesis past present and future. Chem & Ind. 1992 7 Dec. pp. 903-906
[14] Sheldon, R. A. Consider the environment quotient. CHEMTECH. 1994(3), pp. 38-47
[15] Sheldon, R. A. Catalysis and Pollution Prevention. Chem, & Ind. 1997 Jan. pp. 12-15
[16] Wender, P. A. et al. Towards the Ideal synthesis. Chem & Ind. 1997 Oct. 6 pp. 765-769
[17] 彭峰.绿色化学的发展与广州化工的对策.广州化工,2001 29(1):1～6
[18] 朱文祥.绿色化学与绿色化学教育.化学教育,2001 (1) :1～3,18
[19] Strauss, C. R., A Combinatiorial Approach to the Development of Environmentally Benign Organic Chemical Preparations, Aust. J. Chem., 1999 52 pp. 83-96
[20] Hjeresen, D. L., Schuff, D. L., Boese, J. M. Green chemistry and Education. J. Chem. Educ. 2000 77(12), pp. 1543-1547。文中附有一张表,介绍绿色化学教材的资料来源及联系网址,录此供参考。

Green Chemistry Teaching Materials

Educational Materials from ACS

The ACS Division of Education and International Activities, in partnership with the U. S. Environmental Protection Agency Office of Pollution Prevention and Toxics, is developing and disseminating educational materials related to green chemistry. In the two years of this cooperative agreement, the project worked with a number of individuals with expertise in green chemistry to produce classroom resources and to disseminate information about green chemistry through workshops, meetings, and symposia.

Available Resources

Annotated Bibliography on Green Chemistry (Version 1.0, 1999) by John C. Warner, Elizabeth Brown, and Carlos Tassa. The bibliography is intended as a general reference tool for use in the chemistry curriculum and not as an exhaustive data base on green chemistry. It has been posted as a searchable data base to the ACS Education Web page http://center.acs.org/applications/greenchem/ The data base will be updated and enlarged periodically. The Bibliography is available only on the World Wide Web, not on paper.

Real-World Cases in Green Chemistry by Michael C. Cann and Marc E. Connelly (published 2000). This 72-page book is designed to be used in a variety of undergraduate courses or as a resource of specific examples of redesigning chemical products and processes. It contains descriptions of ten projects that have won or been nominated for Presidential Green Chemistry Challenge Awards. Also included are references and questions at the end of each case and a Notes to Instructors section at the end of the text. Additional information is at http://www.acs.org/education/greenchem/cases.html.

Green Chemistry: Innovations for a Cleaner World is a 15-minute videotape (May/June 2000) that features the three winners of the Presidential Green Chemistry Challenge Awards. The video can be used independently or as a supplement to Real-World Cases in Green Chemistry. Available fall 2000.

Green Chemistry: Economic and Environmental Benefits is a new ACS short course that was first presented at the ACS National Meeting in Washington, DC. The developers and presenters of this course were Paul Anastas, Mary Kirchhoff, and Tracy Williamson; all are affiliated with EPA.

Green chemistry articles or examples have been included in various other ACS publications:

Chem Matters, the magazine for high school chemistry students, has highlighted green chemistry through, for example, an overview of the Presidential Green Chemistry Challenge Award winners, and a feature on the use of liquid CO_2 for dry cleaning.

In Clemistry, the magazine for ACS Student Affiliates, featured green chemistry articles in 1998 and 1999.

The third edition of Chemistry in Context, released in the fall of 2000, includes examples of green chemistry throughout. Similarly, future texts published by ACS Education Division will include green chemistry examples.

Resources in Development

Resources in development for publication by ACS in 2001-2002 include Web dissemination of green chemistry labs, publication of green chemistry demonstrations, green chemistry teaching modules for high school chemistry teachers, a green chemistry speakers roster, publication of readings in green chemistry, and green chemistry video resource for high school classes.

JCE Resources for Incorporating Green Chemistry into Teaching

The Journal has published these articles on green chemistry:

Green Chemistry in the Organic Teaching Laboratory: An Environmentally Benign Synthesis of Adipic Acid, Scott M. Reed and James E. Hutchison, J. Chem. Educ. 2000, 77, 1627.

The Cost of Converting a Gasoline-Powered Vehicle to Propane: An Excellent Review Problem for Senior High School of Introductory Chemistry, Michael P. Jansen, J. Chem. Educ. 2000, 77, 1578.

Bringing State-of-the-Art, Applied, Novel, Green Chemistry to the Classroom by Employing the Presidential Green Chemistry Challenge Awards, Michael C. Cann, J. Chem. Educ. 1999, 76, 1639.

Microscale Chemistry and Green Chemistry: Complementary Pedagogies, Mono M. Singh, Zvi Szafran, and Ronald M. Pike, J. Chem. Educ. 1999, 76, 1684.

Introducing Green Chemistry in Teaching and Research, Terrence J. Collins, J. Chem.

Educ. 1995, 72, 96.
World Wide Web Resources
Some Web sites that may be useful for those trying to incorporate green chemistry into their teaching appear below. All were accessed at press time (October 2000)
Green Chemistry Resources, ACS homepage:
http://www.acs.org/education/greenchem/
From there go to Web sites, Awards, Conferences, Calendars

Green Chemistry Institute:
http://www./anl.gov/greenchemistry/

EPA's Green Chemistry Program:
http//www.epa.gov/greenchemistry/

Green Chemistry, a journal of the Royal Society of Chemistry:
http://www.rsc.org/is/journals/current/green /greenpub.htm

Green Chemistry Resources on the Internet, published in the February 2000 issue of Green Chemistry:
http://www.rsc.org/is/journals/current/green/GC002001.htm

Green Chemistry Network:
http://chemsoc.org/networks/gcn/

参 考 文 献

[1] LAN J Graham-Bryce.,Chem. & Ind. 1984 Dec. 17 p. 862
[2] R,Costanza, et. al.,Nature. 1997 Vol. 387,pp. 253-260
[3] 岩佐茂著,韩立新,张桂权,刘荣华译.环境的思想.北京:中央编译出版社,1997:3
[4] 杨维荣等.环境化学.北京:人民教育出版社,1980:3
[5] Chem. &. Ind.,1999 15 Feb. p. 123
[6] James A. Cusumano. J., Chem. Educ. 1995 72(11),pp. 959-964
[7] Barry Commoner.,Chem. Brit. 1992 8(2),p. 54
[8] Carson, R. Silent Spring. Houhgton Miffilin Company, Boston 1962; 吕瑞兰译. 寂静的春天.北京:科学出版社,1979
[9] 钟述孔.21世纪的挑战与机遇——全球环境与发展.北京:世界知识出版社,1992
[10] Sarah Houlton.,Manuf. Chemist. 1998 Feb. pp. 14-15

[11] 中国环境报,1996.7.18,第1版
[12] 中国环境报,1996.7.27,第1版
[13] Rebecca L Rawis.,C & EN.1987 June 15,pp.26-27
[14] 江上 不二夫(陆熙炎译),现代化学,1978(4):12
[15] James Krieger.,C & EN. 1990 Feb. 5,p.7
[16] James Chark., Chem. Brit.1998 Oct. pp.43-45
[17] 朱清时,中国科学院院刊,1997(6):420
[18] Hjeresen, D.J., Schutt, D.L., Boese, J. M.,J. Chem. Educ.2000 77(12),p.1543
[19] Winterton,N.,Green Chem. 2001 Dec. G71-G75
[20] Curzons, A.D., Constable, D.J.C., et al.,Green Chem.2001(3),p.1
[21] Courzons, A. D., Freitas, L. M., et al.,Green Chem.2001(3),p.7
[22] 闵恩泽,傅军,化学通报,1999(1):10~15
[23] Tundo, P., Anatas, P., et al,Pure Appl. Chem.2000 72(7),p.1225
[24] 梁文平,唐晋,自然科学进展,2000 10(12):1143~1145

第二章　化工生产中的环境影响评估

化学工业对环境有两方面的影响，一是化工生产过程中的“三废”，二是某些化工产品在使用中产生的二次污染[1]；如含磷洗衣粉使江湖富营养化，影响环境与水产品生产；使用农膜和一次性餐具带来的白色污染；使用化学农药只有 0.1%击中靶标害虫，99.9%都污染了环境[2]。本章只讨论前者。

2.1　E-因子(E-factor)[3][4]

尽管有机合成已达到相当高的水平，但是化学工业却面临着严重的环境问题，因为在生产过程中要产生大量的副(废)产物，环境因子就是指的每生产 1 公斤产品所伴生的副(废)产物的数量。表 2-1 是在不同的化学工业部门中的 E-因子。

表 2-1　　E-因子(E-factor)

工业部门	产品吨位	副产物量(kg)/产品(kg)
石油炼制	$10^6 \sim 10^8$	约 0.1
大宗化工产品	$10^4 \sim 10^6$	$<1 \sim 5$
精细化工产品	$10^2 \sim 10^4$	$5 \sim >50$
制药工业	$10^1 \sim 10^3$	$25 \sim >100$

就此而言，除了产品之外的一切副(废)产物均可视为“废物”(waste)，多数是在提纯过程中由于中和酸、碱而产生的无机盐，如 NaCl，Na_2SO_4，$(NH_4)_2SO_4$ 等，精细化工与制药工业的副(废)产物多，是由于它们是多步合成(Multistep Synthesis)的缘故。

ICI 公司[5]采用了一种衡量环境损害的指标，称为“环境负担因子”(Environment Load Factor，简称 ELF)。它表示每生产一个单位产品所需的原料、溶剂、催化剂等的总重量，如下式所示：

$$ELF = \frac{投入量 - 得出量}{得出量}$$

2.2　原子利用率(Atom utilization)[3][4]

原子利用率是一种很有用的量度。在理论收率的基础上来比较原子利用率，是衡量用不同路线合成同一特定产品时，对环境影响的快速评估方法。其计算方法是以所需产物的分子量被所有反应产物的分子量之和去除，如果准确的收率不清楚时，就以 100% 为基础，作理论上的比较。例如制造环氧乙烷的方法，经典的氯乙醇路线，其原子利用率为 25%。

$$CH_2=CH_2+Cl_2+H_2O\longrightarrow ClCH_2CH_2OH+HCl$$

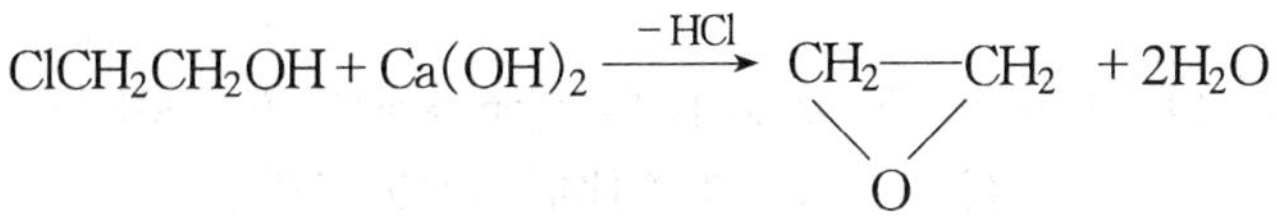

整个反应表示为：

$$C_2H_4+Cl_2+Ca(OH)_2\longrightarrow C_2H_4O+CaCl_2+H_2O$$

分子量 44 111 18

原子利用率 $=\dfrac{44}{44+111+18}=\dfrac{44}{173}\times 100\%=25\%$。

另一条制环氧乙烷的方法是催化氧化法：

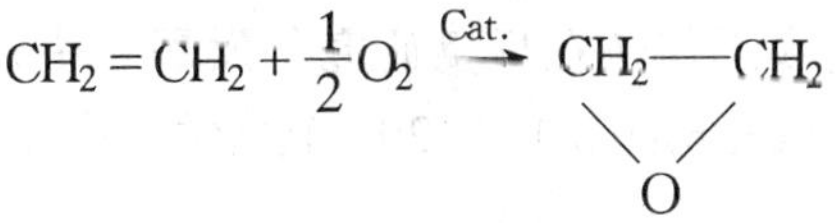

原子利用率 $=100\%$。

第二个例子是合成醋酸的工业方法，经典的 Kolbe's 法有五步，原子利用率 $<10\%$。

$$C\xrightarrow{FeS_2}CS_2\xrightarrow{Cl_2}CCl_4\xrightarrow[\text{tube}]{\text{red hot}}Cl_2C=CCl_2\xrightarrow[H_2O/O_2]{h\nu}CCl_3\cdot COOH\xrightarrow{\text{electrolysis}}MeCOOH$$

孟山都(Monsanto)公司生产醋酸的方法是在铑(rhodium)催化剂、碘离子为助催化剂(promotor)的条件下，使甲醇起催化羰基化(catalytic carbonylation)反应而得[6]。

$$CH_3OH+CO\xrightarrow{\text{Cat.}}CH_3COOH$$

在世界年产量达 500 吨的醋酸中，有 50% 是采用了孟山都的方法。它用廉价的原料一步合成，原子利用率为 100%。

从以上两例可以看出催化法的原子利用率高，是清洁工艺的主要方法。

2.3 环境商(The Environment Quotient)[4]

对原子利用率持批评态度的人，认为仅仅用副(废)产物的量来衡量不同的工艺路线，是过于简单了，一个更为精确的评估应该同时计算副(废)产物的数量与性质，为此目的，Sheldon 提出了“环境商”(EQ)的概念，它是环境因子(E-factor)与任一指定的不利商 Q 的乘积。

$$EQ=E\times Q$$

例如无毒的盐 NaCl 与 $(NH_4)_2SO_4$ 的 Q 可定为 1，那么重金属盐则根据其毒性的不同而定为 100～1000，这些数字是有争议的，并且随着不同的公司，甚至不同的生产地而有所不同。尽管如此，还是可以用此数字来评估不同的生产方法。而且最终 EQs 将会以欧洲通用的货币单位欧元 ECus(European Currency Unit)来估算。

这种方法的进一步深化，导致环境概貌分析(Concept of environment profile analysis)概念的产生。按照这种分析方法，要用三个价格因素(Cost factors)来对一种新方法进行评估：原材料、能量消耗与生成的副(废)产品。把衡量副(废)产物的 EQ 值转变成了价格因素，例如可用循环使用的价值来选择最佳的技术。

2.4 工艺研究与开发中的绿色化学量度[7][8]

Glaxo Smithkline 公司的 Aland D. Curzon 与 David J. C. Constable 等在 2001 年的第 3 期《绿色化学》(Green Chemistry)上发表了两篇论文,介绍了他们的研究成果。

他们运用可持续性为基础的方法(Sustainability-based approach)对有机合成反应与工艺进行量化而系统地评估,使化学家们对化工过程作清醒地评估,看哪个更"绿"一些(Greener)。

他们开发并应用了一套绿色量度(Green metrics)来评估每个反应。首先,从绿色的观点——包括安全(safety)与操作参数(Operational parameters)出发,探讨了必要(Core)与充分(Complementalry)的量度。这种方法帮助人们进一步充分理解了化学和在最重要的绿色因子(Green factors)上产生差别,其次提出了一整套启发式的研究,使人们从反应特征获取的信息,给每个量度以数据。绿色量度见表 2-2,这项工作还在反复研究与发展之中,他们用这种量度与启发式原则开发了一套专家系统(Expert system),对 200 个化学反应作了评估。

表 2-2　　　　绿色量度(Ⅰ)

Category		Units
Mass		
$\frac{\text{Total mass (kg)}}{\text{Mass of product (kg)}}$	(Mass intensity)	kg/kg
$\frac{\text{Total mass solvent(gross)(kg)}}{\text{Mass of product(kg)}}$		kg/kg
$\frac{\text{Mass of isolated product(kg)} \times 100}{\text{Total mass of reactants used in reaction (kg)}}$	(Reaction mass efficiency)RME	%
$\frac{\text{FW(g mol}^{-1}\text{)product} \times 100}{\text{FW of all reactants used in reaction}}$	(Atom economy)	% %
$\frac{\text{Mass of carbon in product (kg)} \times 100}{\text{Total mass of carbon in key rcactants (kg)}}$	(Carbon efficiency)	%
Energy		
$\frac{\text{Total process energy (MJ)}}{\text{Mass of product(kg)}}$		MJ/kg
$\frac{\text{Total solvent recovery energy (MJ)}}{\text{Mass of product(kg)}}$		MJ/kg
Pollutants/toxic dispersion		
Persistent and bioaccumulative		
$\frac{\text{Total (mass persistent + bioaccumulative)(kg)}}{\text{Mass product(kg)}}$		kg/kg
Ecotoxicity		

续表

$\frac{\text{Total(mass persistent + bioaccumulative)(kg)}}{EC_{50}{}^{a}\text{material}/EC_{50}\text{DDTcontrol}}$	kg
Human health	
$\frac{\text{Total (mass of material[for all materials])(kg)}}{\text{Permissable exposure limit (ACGIH)}^{b}\text{(ppm)}}$	kg/ppm
POCP (photochemical ozone creation potential)	•
$\frac{\text{Total[mass of solvent(kg)} \times \text{POCPvalue} \times \text{vapour pressure(mm)]}}{\text{mass of product(kg)} \times \text{vapour pressure [toluene]} \times \text{POCP[toluene]}}$	kg/kg (as toluene)
Greenhouse gas emissions	
$\frac{\text{Total[mass of greenhouse gas from energy(as kg}CO_2\text{ equiv.)]}}{\text{mass of product(kg)}}$	kg/kg (as CO_2)
$\frac{\text{Greenhouse gas. kg}CO_2\text{ equivalent. ex energy for solvent recovery}}{\text{kg product}}$	kg/kg
Safety	
Thermal hazard	Highlight
Reagent hazard	Highlight
Pressure (high/low)	Highlight
Hazardous by-product formation	Highlight
Solvent	
Number of different solvents	Number
Overall estimated recovery efficiency	%
Energy for solvent recovery	MJ/kg
Mass intensity net of solvent recovery	kg/kg

[a] EC50 = the concentration at which 50% of the organisms in an acute toxicity test die during the fixed time period of the study. [b] ACGIH = American Conference of Governmental Industrial Hygienists. A standards setting organisation convened to set Threshold Limit Values (TLV) for chemical and physical hazards, usually expressed as the time weighted average (TWA) concentration permitted over an 8 h exposure period.

Tab. 2-2 Selected "green" metrics (Ⅰ)

表中的反应效率(Reaction mass efficincy, RME)考虑到收率(yieds)反应物的准确摩尔数(actual molar quantities)和原子效率(atom efficiency),因此 RME 可能是说明我们所从事的工艺有多么"绿"的较为实际的指标。

在第二篇文章中,他们设计了另一表(表 2-3)可与前表参照结合使用。这是对该工艺中投入与产出的定性定量考查,设计一套能够对单锅工艺的废物、能耗与化学效率进行简单评价的量度。旨在加深化学家对绿色化学的认识,帮助他们在设计新工艺与改进原有工艺中,有一种检测的工具,以减少对环境的损害。

这种绿色量度还不成熟,有待不断改进,但对于我们的技术改造、开发新产品仍有很大的参考价值。

表 2-3　　　　绿色量度(Ⅱ)

Compound number	
Route designation	
Date of assessment and reference	
Number of chemistry steps	
Number of purification steps	
Number of stages	
% Overall yield	
List of solvents used	
List of extreme conditions	
List of reagents with known environmental safety or health problems	
Overall kg solvent/kg final product	
Overall kg water/kg final product	
Overall kg input material (excluding solvent and water)/kg final product	
Total waste/kg of final product (sum of 3 boxes above)	
Overall kg input material (excluding solvent and water)/kg final product if all stage yields are 100%	
Projected peak year tonnage	
Catalytic chemistry used	
Asymmetric chemistry used	
Additional comments	

Tab. 2-3　selected "green" matrics (Ⅱ)

2.5　应用生命周期评估法对生产过程进行环境评价[9]

生命周期评价(Life Cycle Assessment,LCA)是正在开发的一种研究化工产品对生态环境的影响以及减少这些影响的方法。

绿色化学不仅强调"绿色"化工品的主要生产过程,而且最终也要求用 LCA 方法评估每一个化合物。

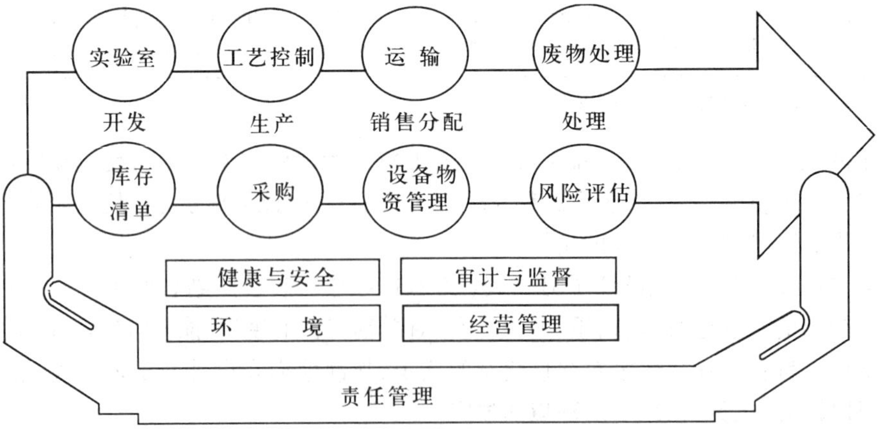

图 2-1　一个产品的生命周期[10]

Fig. 2-1　The life cycle of a product

生命周期概念的方法包括考察一个化合物的生命周期的每一步(原料精炼、预处理、生产、应用、循环与排放)以及考察副产物和助剂(如溶剂与添加剂,也包括生产绿色产品的技术措施在内)。一个产品的生命周期示意图见图 2-1。生命周期评价主要是针对取自于自然界的原料与能源的消耗和向环境排放废弃物的数量与质量影响,生命周期有 3 个阶段:生产过程,产品使用、回用或保持,消费者使用之后。

生命周期评价是一种环境管理技术(其他技术包括危险评价(Risk assessment))、环境冲击评价(Environment impact assessment)等,它包括生命周期清单分析(Input and output analysis)、生命周期影响评价(Impact assessment)和生命周期解释(Interpretation phase)。生命周期评价方法一般不直接用于经济、技术或社会方面,它主要应用于识别产品改进方向、方式,支持战略和市场运作等方面。但它的规则、指导原则和系统定义可以被经济技术分析借鉴,形成经济技术的生命周期评价方法。

如图 2-2 所示,生命周期研究的步骤包括目标和范围定义、清单分析、影响评价以及对以上各步的结果解释。

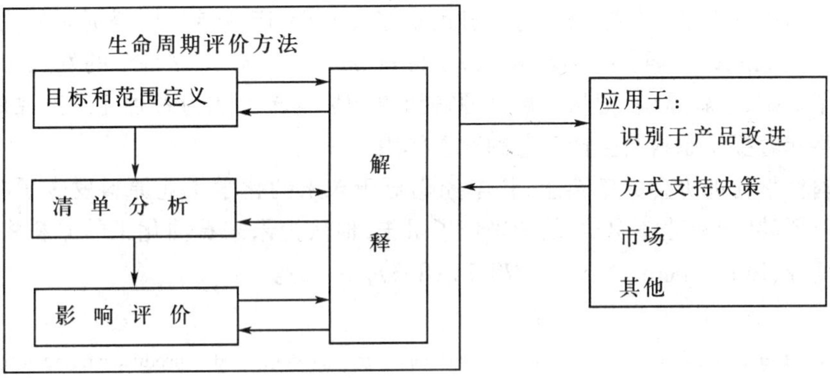

图 2-2 LCA 步骤图

Fig. 2.2 The steps of LCA

参 考 文 献

[1] Commoner, B., Chem. Br. 1972 8(2), pp. 52-65
[2] Pimentel, D., Chem. Br. 1991, p. 646
[3] Sheldon, R. A., Chem. & Ind. 1992 Dec. 7, pp. 903-906
[4] Sheldon, R. A., CHEMTECH. 1994 Mar. pp. 38-47
[5] Hileman, B., C & EN. 1992 Nov. 9. pp. 7-12, pp. 41-42
[6] Roth, J. F. et al., CHEMTECH. 1971(1), p. 600
[7] Alan D. Curzons et al., Green Chemistry. 2000 3, pp. 1-6
[8] David J. C. Constable, et al., Green Chemistry. 2001 3, pp. 7-9
[9] 孙柏铭,严瑞瑄,现代化工,1998(7):34~38
[10] Hennessy, C., CHEMTECH. 1993 Nov. p. 16

第三章　利用再生资源开发化工产品

3.1　再生资源重新受到重视

19世纪后半期,煤焦油成为许多有机化合物的优良原料,随着有机化学研究的发展,化工技术也取得了长足的进步,这一时期廉价而充足的石油又成为主要化工原料。但是按现在的消费速度计算,预计到21世纪中期,世界石油的供给就会中断。因此,不得不寻求新的化工原料。煤的资源10倍于石油,因此一些国家已转向利用廉价的煤作原料来生产石油化工产品[1]。但是从经济、环境、技术等各种因素综合分析,产业界对原料资源的注意力将集中于生物量(Biomass),即再生资源(Renewable resource),近代生物科学的发展为实现这一前景奠定了基础,也就是说,把从天然资源得到的生物量转换成为各种化工产品的过程中,生物技术将起着提供原料与生产工艺的双重作用[2]。

在美国科学促进协会的年会上,科学家们对于未来的化学工业原料发表了各种见解。维里多斯教授就“创造性植物学”的未来作了报告,他认为未来石油化工的原料将来自可再生的农业资源(Eur. Chem. News. 1978 32 (853), p. 22)。

The petroleum/grain analogy. As raw materials, cereal grains can be used to produce a range of products almost as large as that from petroleum feedstocks.

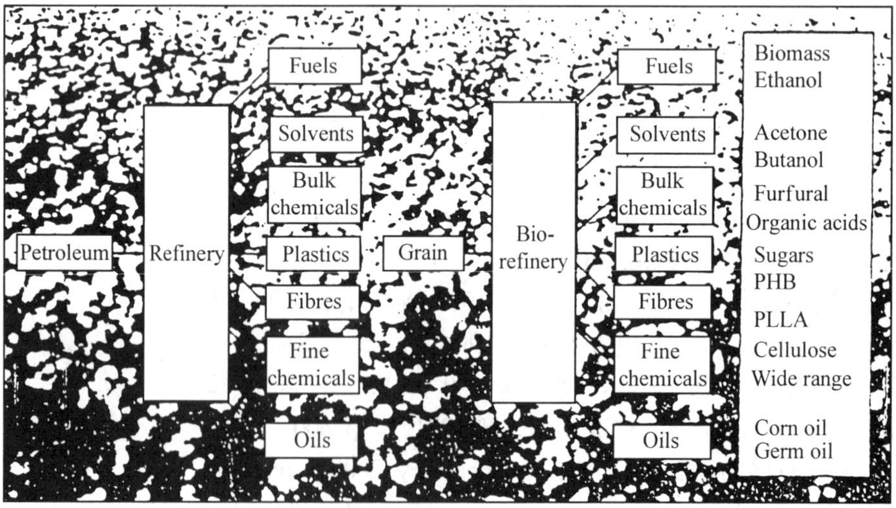

(Chem. Br. 1998 Feb p. 152)

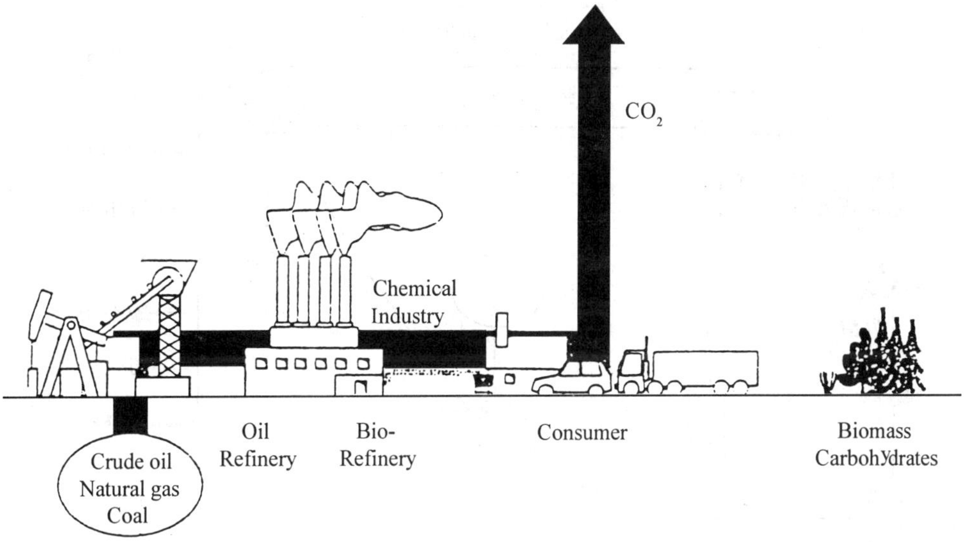

图 3-1 再生资源用于生产石油化工产品

Fig. 3-1 Biorefinery industry based on renewable resources versus petroleum based industry. (Chem. Soc. Rev.) 1999 28 p. 396

图 3-1 表明了农业再生资源可以当石油一样用来生产化工产品[3]。

当前,大量的研究与开发工作正在努力进行之中,目的是针对以农副产品为基础的化工产品,找出新工艺,让它们在石油危机的情况下,重新取得应有的地位[4]。

3.2 再生资源是丰富的化工原料

美国马里兰大学(University of Maryland)教授罗伯特·科斯坦萨领导的科研小组经过15年的努力工作,写成了一篇题为"世界生态系统服务与天然资源的价值"(The value of the world's ecosystem services and natural capital)的研究报告,发表在《Nature》(自然)杂志上[5]。该论文认为,地球平均每年向人类无偿提供的各种服务总价值高达 33 万亿美元,超过每年全球各国国民生产总值之和。呼吁人们要珍惜地球的宝贵资源。

再生资源,实际上是太阳能的利用,太阳能是一个非常巨大的初级能源,每年到达地球大气层的太阳能约相当于 56×10^{23}焦耳热能,据统计每年地球上由于植物光合作用而产生的再生资源相当于 2×10^{11}吨有机碳[6]。据计算我国土地每年所接受的太阳能可折合为16 450亿吨标准煤[6]。

从化学的角度来看,农副产品(植物再生资源)大体上可分为两大类:

一类是天然大分子如①纤维素、半纤维素、果胶与其他多糖类;②木质素;③淀粉;④蛋白质;⑤聚烃类如橡胶。

另一类是天然小分子如生物碱、氨基酸、抗菌素、酶、糖、脂肪、脂肪酸、黄酮、激素、醌类、甾体、萜烯等。

它们通过裂解以及合成等化学反应,能制出许多当前来自石油的化工产品,示意图 3-2 如下:

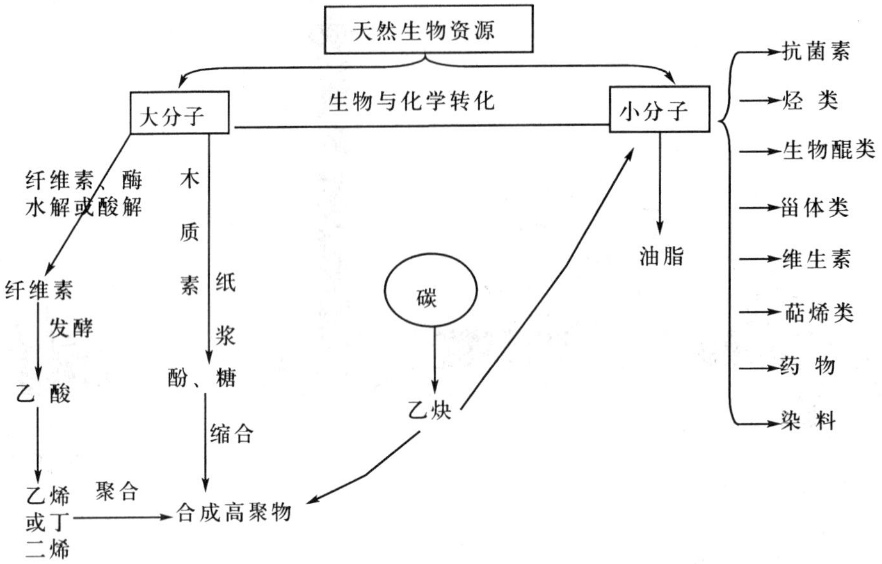

图 3-2 天然生物资源在化工中的应用

Fig. 3.2 The application of biomass in chemical industry

植物光合作用消耗的是二氧化碳和水，产生的是有机物：

$$CO_2 + nH_2O \xrightarrow[\text{叶绿素}]{h\nu} (CH_2O)n + O_2$$

以棉花为例，除了主要产品皮棉之外，还可以得到大量的可作为轻化工综合利用的其他原料(表 3-1)。

表 3-1　　棉株各器官的成分

	占植株干重(%)	纤维素(%)	蛋白质(%)	脂肪(%)	木质素及其他碳水化合物(%)	矿物质(%)
根	8.8	40.6	3.0	2.8	49.9	3.7
茎	23.1	45.3	4.0	1.1	46.5	3.1
叶	20.3	8.7	14.1	8.5	56.2	12.6
铃壳	15.2	45.1	11.4	9.8	29.0	4.7
棉籽	23.0	11.9	22.1	23.1	39.3	3.7
皮棉	10.6	37.0	1.1	0.6	10.0	1.3

Tab. 3.1 The composition of the cotton plant

大量的再生资源已应用于化学工业(见表 3-2、表 3-3)。

表 3-2　　再生资源用于化学工业的年消耗量(kT/a(年))[7]

再生资源	GFR	EEC	世界
糖	15	65	800
淀粉	115	390	1750
纤维	220	600	5014
油脂	700	2700	9500

Tab. 3.2 Present consumption of biological raw materials by the chemical industry (estimated)

表 3-3　　工业应用的农产品资源[8](Chem. Brit. 2000. Feb.)

	UK	Europe	US	Global
Vegetable oils	0.07	2.6	3.0	12.5
Starch	0.25	2.4	6.5	15.0
Non-wood fibres	0.04	0.5	3.0	23.4
Total	0.36	5.5	12.5	50.9

Anticipated growth: production of crop-derived products(mt)

	Global output 1998	Global output 2003	% Growth
Vegetable oils	12.5	19.8	8
Starch	15.0	19.8	50
Non wood fibres	23.4	22.5	21
Total	50.9	28.4	38.9

Tab. 3-3　Production of crop-derived raw materials for industrial use (mt)

国际水稻研究所(International Rice Research Institute)的董事长 M .S. Swaminathan 指出:发展中国家要有提高农业产量促进国民经济的信心。由亚洲开发银行(Asian Development Bank)资助,国际水稻研究所与菲律宾大学(University of the Philippines, Los Banos)联合搞了一项名为“通过水稻致富”(Prosperity Through Rice)的计划,为发展中国家培训人才,该计划包括以下三方面的内容:①以最少的投入来增加产量;②以多茬种植、综合农业技术来增加收入;③农业产品的综合利用、深度加工[9]。

对于发达国家而言,虽然粮食的供应比较缓和,但自从“石油危机”以后,也面临着以再生资源来替代石油作为化学工业原料的问题,1988 年欧洲议会(Council of Europe Parliamentary Assembly, parliamentary conference sop,1988)召开了一次会议,讨论的主题是:“使欧洲的农业为工业提供原料——是走出危机的出路之一吗?”(European agriculture as an industrial supplier——a way out of the crisis?)会上分析了严峻的形势:①农作物的年增长率为 2%;②欧洲对农产品的需求量的年增长率仅为 0.5%;③欧洲的人口下降;④过量的生产会影响粮食的出口价格。因此,他们要重新调整农业政策,把巨大的兴趣集中在使用农产品作为工业与能源的原材料上,有人提出用淀粉工业来架起工农业之间的桥梁。用高新技术(如生物工程)来充分利用再生资源,开发精细化工产品[10]。

以上两方面的情况戏剧性地阐明了“大(发达国家)有大的困难,小(发展中国家)有小的困难”,真是“家家都有一本难念的经”。然而巧合的是大家都想从“农业高产”上来想办法,找出路,这也反映了当今世界上各种经济情况不同的国家,在调整产业结构上的一种共同的趋势,从执行可持续发展战略上来看,国家不分大小强弱,利用再生资源是一种必然的共识。

3.3　在分子水平上认识再生资源

当代最激动人心的课题之一是化学家们用新的观点、新的方法、在分子水平上研究生命现象。

天然产物(Natural Products)一般是指那些为某一种生物所独有、或为少数亲缘关系相近的生物所共有的、天然来源的有机化合物。换句话说就是由植物、微生物、动物与人类所产生的含碳化合物,这些天然产物中有许多是人类生存所不可少的。如维生素、抗菌素、抗癌药物等(见图 3-3)。

以下从两方面在分子水平上来认识一下再生资源,这对于保护资源、开发资源、利用资源是有帮助的。

Compound	Class	Plant source
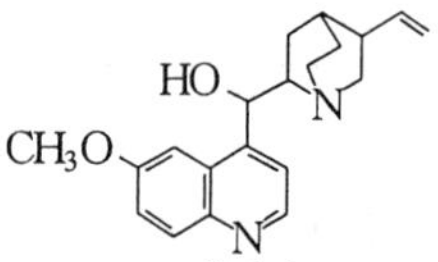 Quinine	Alkaloid	*Cinchona ledgeriana*
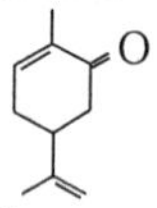 Carvone	Terpenoid	*Mentha spicata*
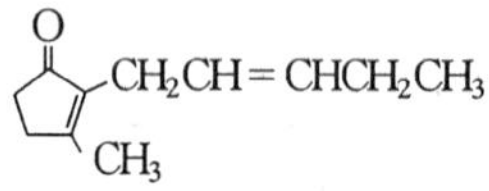 Jasmone	*Cis*-ketone	*Jasminum officinale*
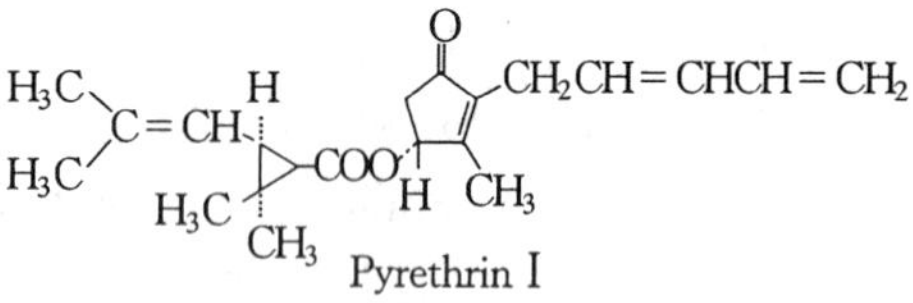 Pyrethrin I	Isoprenoid	*Chrysanthemum cinerariaefolium*
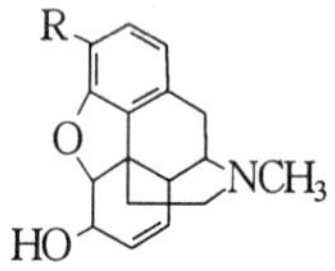 Codeine R=OCH$_3$ Morphine R=OH	Alkaloid	*Papaver somniferum*
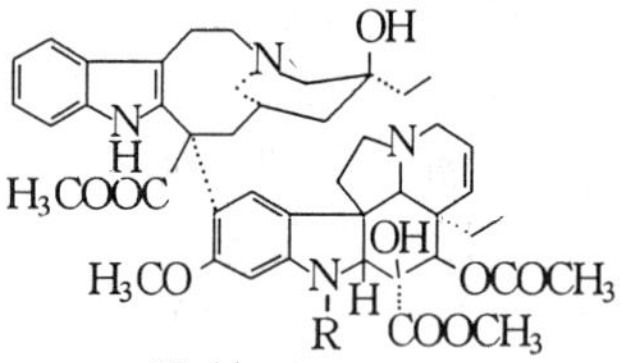 Vinblastine R=CH$_3$ Vincristine R=CHO	Alkaloid	*Catharanthus roseus*
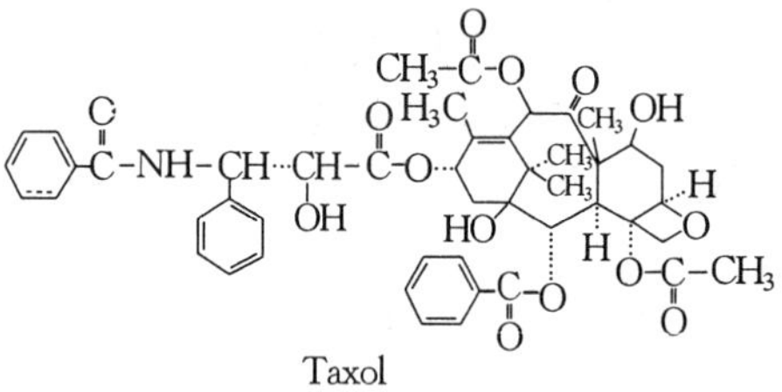 Taxol	Terpenoid	*Taxus brevifolia*
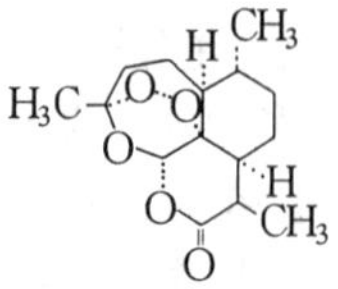 Artemisinin	Terpenoid	*Artemisia annua*

(Chem. Br. 1989 oct. p. 1002)

图 3-3　来自植物的重要化学品[11]

Fig. 3-3　Economically important phytochemicals of plant origin.

3.3.1 生命(Life)与地球生物圈(Earth's Biophere)的化学逻辑(Chemical Logic)[12]

自然生态系统的物质运动是循环的。水、碳和其他无机物由环境进入机体,又由机体返归环境这种生生不息的运动方式组成了五光十色、繁花似锦的大千世界。

生物可分为两类:自养生物(Autotrophs)与异养生物(Heterotrophys)。前者包括绝大部分的植物,它们能够从无机分子 CO_2,H_2O 经过光合作用来生成醣,为自己提供碳源;后者包括动物、细菌与真菌,它们需要从其他动物、植物中摄取各种含碳化合物作为自己的碳素来源,并且从这些化合物与小的无机分子合成它所有的含碳生物分子。

在这两种生物的生命过程中的生化反应可以概括为两种反应:一是氧化还原反应(Oxidation-Reduction Reactions),包括高能分子 ATP 的合成与消耗的代谢过程;另一反应是酸—碱反应(Acid-Base Reactions),包括酸碱催化下的分解、组合,如生成氨基酸、磷酯、单核苷酸等反应以及复杂分子的分解反应等。

Ei-Ichiro Ochiai 运用这两类生物的两类反应,设计了一个简图(图 3-4),使人们(尤其是外行)对生命与地球生物圈的化学本质,从宏观上有了入门的认识。

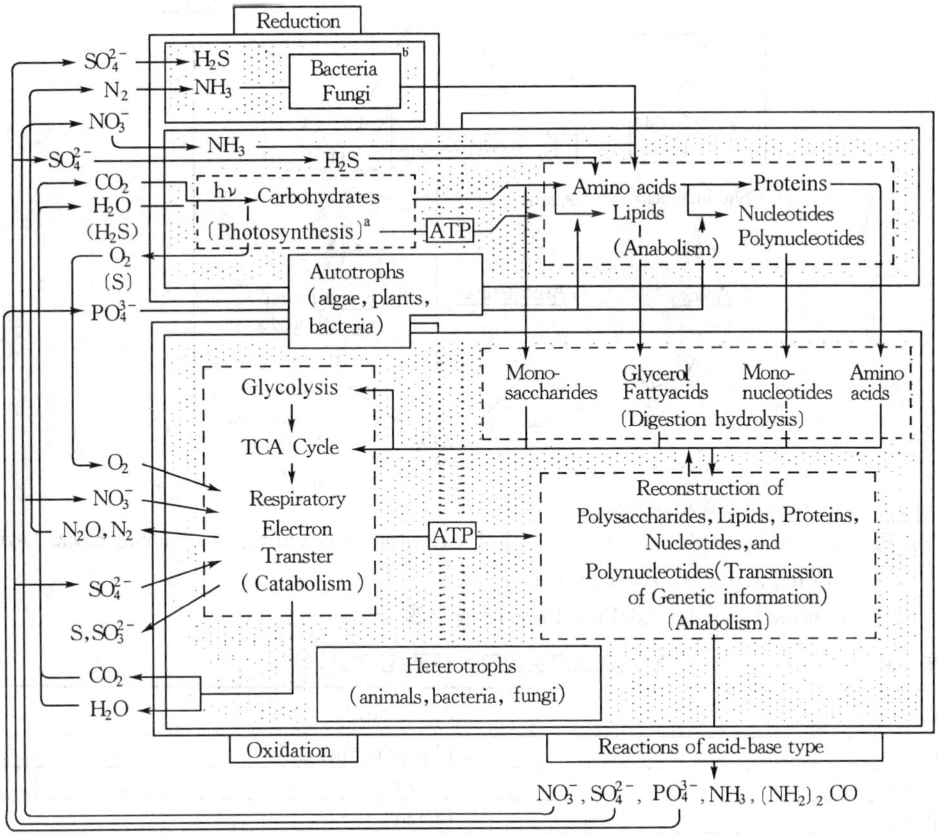

图 3-4 生命与地球生物圈的化学逻辑

Fig. 3-4 The chemical logic of life and the earth's biosphere.

(a) Here hν represents sunlight. An alternative energy for carbohydrate production is chemical energy. (b) These organisms require the rest of the metabolic machinery. although this is not indicated here for the lack of a convenient way to incorporate it. (J. Chem. Educ. 1992 69(s) p. 356)

3.3.2 植物光合作用与次生代谢产物[13]

所有这类天然产物的生物合成都起源于空气中的二氧化碳、水与氮(见图 3-5)。卡尔文(Calvin)研究光合作用(Photosynthesis)是由二氧化碳与水在阳光与叶绿素的作用下转化成为 D-葡萄糖。这个简单的糖不仅是构成一大类天然产物——醣的关键结构板块(Key building block),而且也是其他三个关键结构板块——莽草酸(Shikimic acid)、乙酸(acetic acid)与氨基酸(Amino acid)的前体。在此之前称为初级代谢(Primary metabolism),关键板块之后的代谢作用称为次生代谢(Secondary metabolism),所得到的形形色色的产物称为次生代谢产物(Secondary metabolites)。它们是为了植物本身在生物圈内生存竞争所需,同时也客观上为人类带来了丰富多彩、性能优异的各种天然原料和产物。(见图 3-5 与表 3-4)

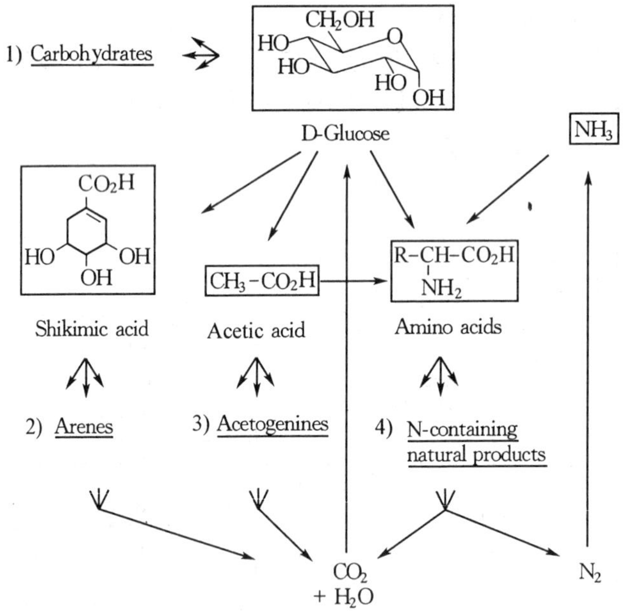

图 3-5 植物的代谢与次生代谢途径

Fig 3-5 Biosynthesis of the four main groups of natural products and the key buihling blocks D-glucose. shikimic acid. acetic acid and amino acids.
(Angew. Chem. Int. Ed. Engl. 1979. 18, pp. 429-439)

表 3-4 次生代谢产生的四大类天然产物(举例)

1. Carbohydrates	2. Arenes
D-Glucose	Flower pigments
Vitamin C	Vitamin K_1
Cellulose	Lignin
3. Acetogenines	4. Nitrogen-containing natural products
Fatty acids	Nucleosides
Vitaman D	Blood pigment
Caoutchouc	Proteins
	Alkaloides

Table 3-4 The four main groups of natural products (with examples)

3.4 利用再生资源开发精细化工产品

3.4.1 大宗化工原料、中间体与产品

如前所述、淀粉、纤维、油脂等再生资源可以作为化工原料通过化学加工能制得许多重要的化工产品,下面以生物柴油(Biodiesel)为例予以说明。

Ex. 3-1 生物柴油(Biodiesel)[14]。

机车尾气是主要的污染源,是全世界所关注和需要解决的大问题。

生物燃料(Biofuels)是一类性能优越、来源丰富、环境兼容的绿色燃料,如醇、酯等。

生物柴油(Biodiesel)是植物油,例如菜籽油(Rape seed oil)与甲醇以碱(NaOH 或 KOH)作催化剂,在 50℃下反应得到的脂肪酸单酯与甘油。

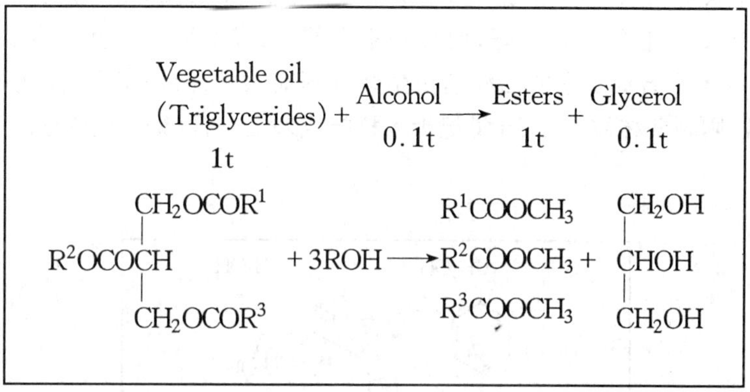

图 3-6 生物柴油的制备方法(植物油的脂交换反应)

Fig. 3-6 Transesterification of vegetable oils

生物柴油的理化性质见表 3-5。

表 3-5 生物柴油的理化性质

性质	生物柴油	柴油	加热油
比重(15℃)	0.88	0.83~0.86	0.83~0.83
十六烷值	51	≥49	≥40
可滤性温度(℃)	-12~-15	≤-15	≤-4
热值(LCV))(MJ/L)	33.2	35.3~36.3	35.3
粘度(20℃)(cSt)	7.2	≤9.5	≤7.5
闪点(℃)	185	≥55	55~120

Tab. 3-5 Properties of biodiesel

生物柴油可用于普通柴油机,无需改动发动机,在环境与能量方面都有优势:无毒,可以生物降解;不含硫,燃烧后不产生含硫废气,尾气中烟与CO都很少,芳烃与多环芳烃也少,温室效应也低于柴油。在欧洲、英、法、意等国均有万吨级的生产装置,市场前景乐观。菜油中可分出芥酸以及副产品甘油都是很重要的化工原料[15]。

最近报道淀粉可作为洗涤剂的组分以替代含磷的助剂、生产非磷洗涤剂(绿色产品)[15]。

此外,在我国还有许多野生植物资源(如山苍籽、魔芋、蓖麻油、五棓子、黄姜……),可作为开发化工产品的原料,这是一个宽广的领域,有待我们去研究开发。

3.4.2 具有生物活性的天然产物作为靶标分子(Taget),进行结构修饰、改性

这方面最突出的是中草药(植物药物)的研究与开发,典型的例子有阿斯匹林(Aspirin)与可卡因(Cocaine)的研究,从中衍生出许多有效的新药物[16]。

欧洲民间用柳树(Willow, Salix spp.)与合叶子(Meadowsweet, Filipendula ulmaria)来治疗头痛、关节炎等疾病。19世纪初从中提取了水杨酸(Salicylic acid),它的疗效与植物药相当,但剂量要大些,它的味道不好,而且刺激胃部,制成了衍生物就克服了此问题。1899年德国的Bayer药厂合成了它的乙酰基衍生物即阿斯匹林,沿用至今,长盛不衰,还发现了许多新的疗效,阿斯匹林被评为20世纪十大科技成果之一,可见其重要性。

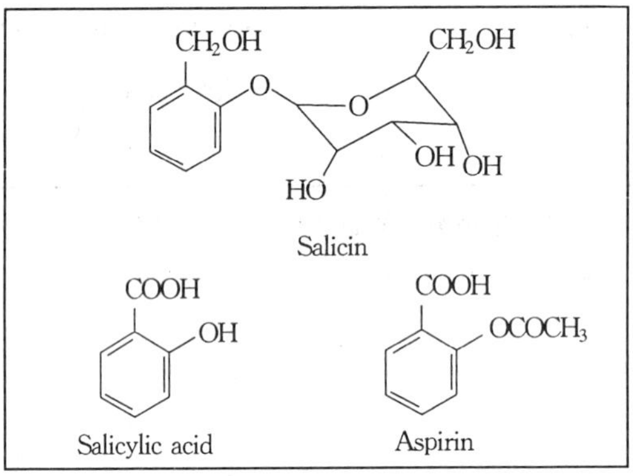

图3-7 水杨酸与阿斯匹林

Figure 3-7 Salicylates and aspirin

从可卡因的分离导致局部麻醉药发展的研究途径,也许是从剖析分子结构入手进行药物化学研究的一个经典例证。从16世纪墨西哥的西班牙殖民者那个时代以来,就已经知道当地的印第安土著人,咀嚼一种植物古柯(Erythroxylum Coca)的灌木叶,以消除疲劳和减轻饥饿和痛苦。Wöhler发现使用古柯叶中提取的生物碱——可卡因所制成的稀溶液可使局部疼痛减轻;并首次明确记录了这种提取物在医药上的用途是作为眼科手术的局部麻醉药。

在可卡因类似物方面所做的大量工作，目的在于使该化合物的生物活性中的局部麻醉作用增至最大限度(见图 3-8)。

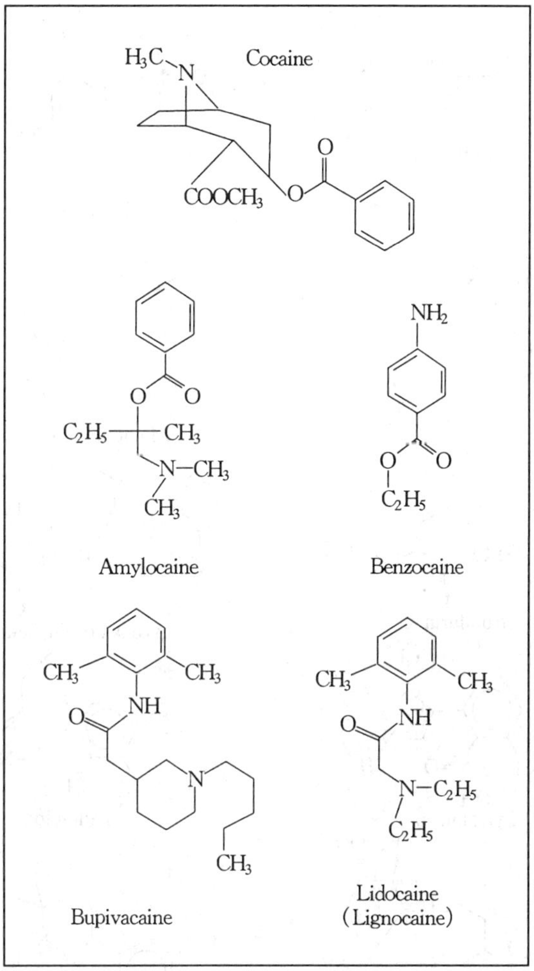

图 3-8　从可卡因衍生的局部麻醉药

Figure 3-8　Local anesthetics derived from cocaine.
(J. Chem. Educ. 2001 78(2) p. 181)

天然物质作为农药有两种开发利用方式[23]。一种是直接利用，另一种是与人工合成途径相结合，以有效成分的化学结构作为先导化合物模型，用合成的方法进行结构修饰，通过构效关系(QSAR)研究，找出结构更简化、合成更方便、性能更优越的新农药，例如，以天然除虫菊素Ⅰ(Pyrethrin Ⅰ)作为先导化合物，经过许多研究者的不断努力，对其化学结构进行各种改变，已先后开发出许多合成的拟除虫菊酯(Pyrethroids)，它们的杀虫活性更高，性质更稳定。其他在杀菌剂、除草剂、昆虫信息素等方面也都有成功的例子(见图 3-8A)。合成的化合物比天然的先导化合物在性能上都有重要的改进(见表 3-6)。

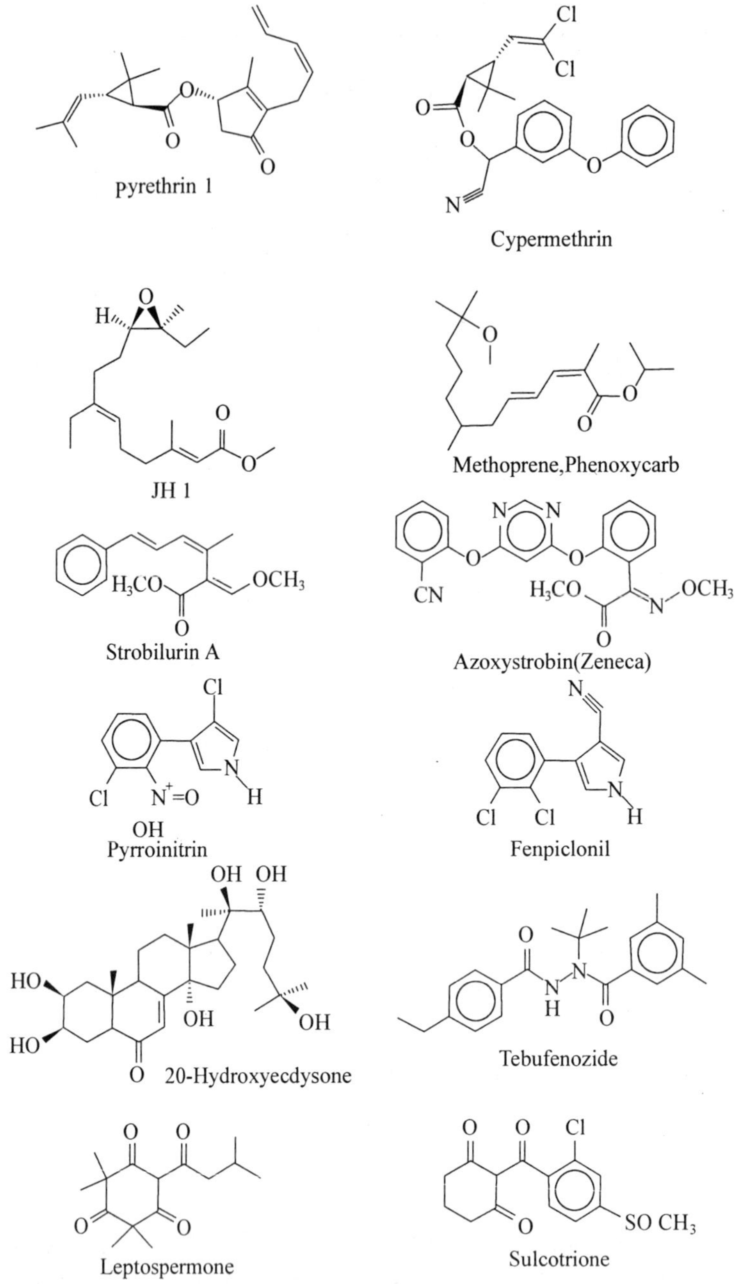

图 3-8A　根据天然产物(左)开发出来的新农药(右)

Figure 3-8A　New agricultural pest control agents shown on the right are based on the natural products shown on the left. Table 3-6 shows the characteristics optimized by each synthetic compound.

表 3-6　　合成新农药对天然产物性能的改进

Natural product	Representative commercial synthetic analogue	Charcteristics optimized^{b}	Reference
Pyrethrin 1	Cypermethrin	Environmental stability Pest spectrum Intrinsic activity(>1000x)	31
JH1	Methoprene Phenoxycarb	Photostability Pest spectrum Intrinsic activity (> 1000x vs Aedes aegypti)^{b}	32
Strobilurin A	Azoxystrobin(Zeneca)	Photostability (~7000x) Pest spectrum Systemicity	29
Pyrrolnitrin	Fenpiclonil	Photostability(100x)	33
20-Hydroxyecdysone	Tebufenozide	Chemical simplicity Improved transport Metabolic stability(30-670x)	34
Leptospermone	Sulcotrione	Stability Intrinsic activity	35

JH. juvenile hormone. Pest spectrum refers to the numbers of pest species controlled by a pest control agent. Systemicity refers to the ability of a material to be taken up by a plant and transported. through the xylem or phloem. to other parts of a plant.

a. Relative improvements are published measurements from laboratory comparisons.

b. In a laboratory comparison of efficacy against mosquito larvae (Aedes aegyptl), the measured LD_{50} of methoprene was 1 000x lower than that of JH 1.

(CHEMTECH. 1998 Nov. p.41)

Table 3-6　New agricultural pest control agents improve on natural materials

据1988年统计，在25～75万种高等植物中，只有占5%～10%分析了其中有机物成分，这是个非常有前景的领域[17]。

3.4.3　生源合成的启示——仿生合成

植物的次生代谢产物丰富多彩，形式虽然复杂，然而有章可循。研究其生源合成(Biogenetic type synthesis)，往往给化学合成带来启迪，研究出高效的仿生合成方法(Bio-mimetic synthesis)。

1902年Willstätter成功地在实验室内经过了近20步反应合成了复杂的天然分子托品酮(tropinone)[18]。

1917年Robest Robinson在利物浦大学任有机化学教授时，他以简单的方法出色地合成了托品酮。用现代的观点这是个仿生多米诺合成(Biomimetic domino synthesis)，如图3-9的式子。

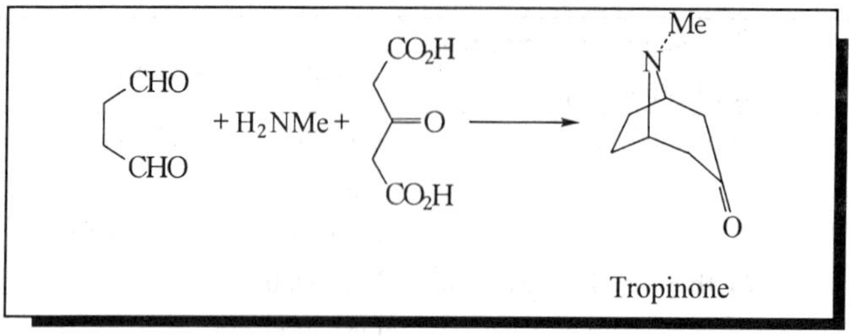

图 3-9 托品酮的仿生 Domino 合成

Fig. 3-9 The biomimetic domino synthesis of tropinone

他发表时引起了轰动，不仅因为缩短了合成步骤，而且因为合成策略非常类似于托烷(tropane)骨架的生源路线(当然，1917 年时生源理论还处于假设之中)，所以这个合成可以认为属于生物模拟合成或仿生合成范畴。这个工作至今还列为此领域中最大的成就之一。

自 1917 年以来，尤其是最近几年，许多化学家都遵照 Robinson 爵士的引导，仿生合成乃成为一个主要的研究领域。在此范畴中的研究人员一般在两个目标中考虑一个。例如，用生物模拟合成来检验生源假设路线中关键步骤机理的可靠性；在这种情况下，化学模型尽可能与假设的生化反应接近，这是很重要的，而路线的总合成效率可以是第二位考虑的。然而，更经常的主要目的，是在于研制天然产物的有效合成；在这种情况下，合成步骤就不需要尽可能地靠近生物合成步骤的模型，而在估评结果时，主要也按照一般用的合成方法来考虑：原始物料易于取得，合成方案是否方便以及合成的总效率。Robinson 的托品酮合成在生源关联和合成利用两个方面所取得的成绩都是突出的。

长春花碱(Vinblastine)是具有抗癌作用的生物碱，按照其生源合成路线研究出了一条高效的“一锅煮”(one pot)合成方法[19](见图 3-10)。

3.4.4 农副产品的综合利用

Ex. 3-2 农业废弃物的利用[20]。

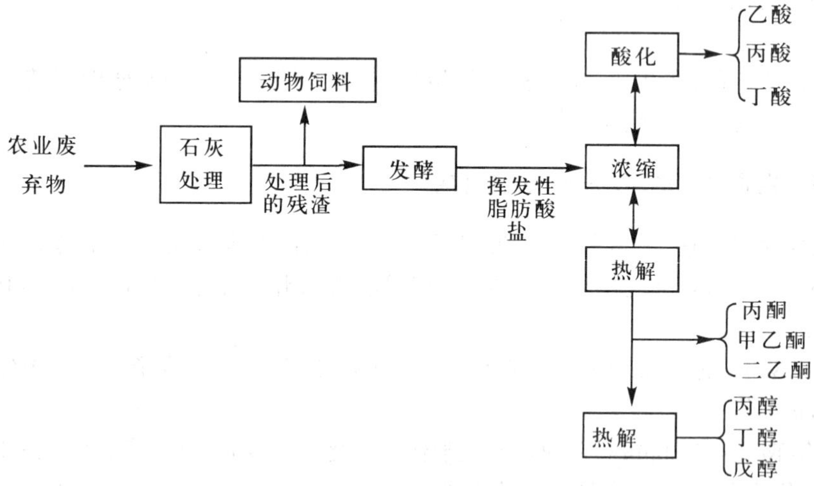

图 3-11 农业废弃物的综合利用

Fig. 3.11 Production of useful chemicals and animal feed from waste biomass

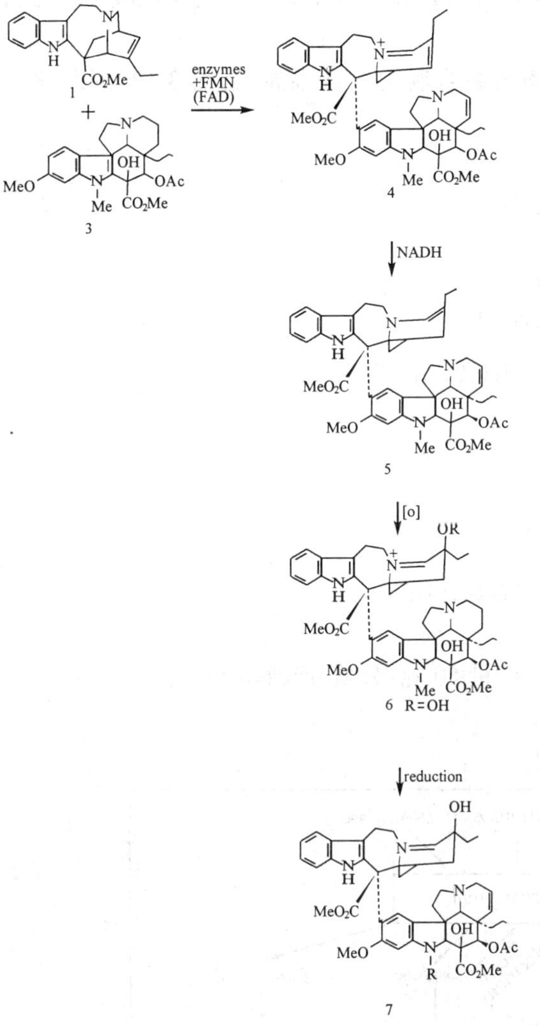

Figure 3-10A Overall summary of the biosynthetic pathway of vinblastine (7) from catharanthine (1) and vindoline (3).

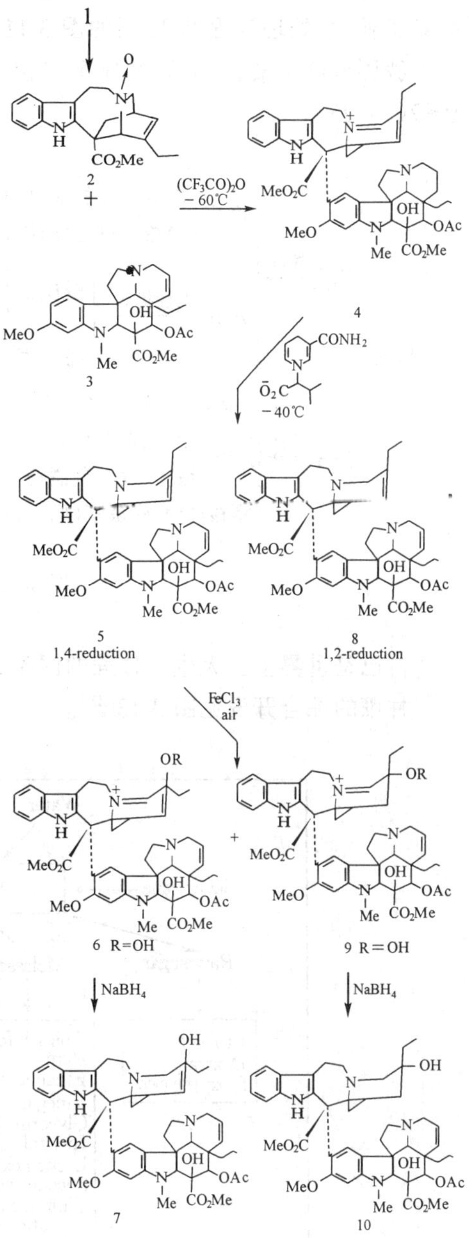

Figure 3-10B A highly efficient "one-pot" process for the synthesis of vinblastin (7) and leurosidine (10) from catharanthine (1) and vindoline (3).

Acc.Chem.Res., Vol.26, No 10, 1993 pp. 560-561

图 3-10 长春花碱(Vinblastine)的仿生合成

Figure 3-10 A highly efficient "one-pot" process for the synthesis of vinblasin (7) and leurosidine (10) from catharanthine (1) and vindoline (3).

Texas A & M 大学化工系的 Mark T. Holtzapple 将农业废弃物如稻草、甘蔗渣等经过处理后变成动物饲料与化工产品。这项技术得到了 1996 年度总统绿色化学挑战奖，并正在准备工业化，处理流程见 32 页的图 3-11。

我国盛产柑橘，产量为世界第二位，柑橘的综合利用效益很高，见图 3-12(湖北化工. 1987(1):25)。

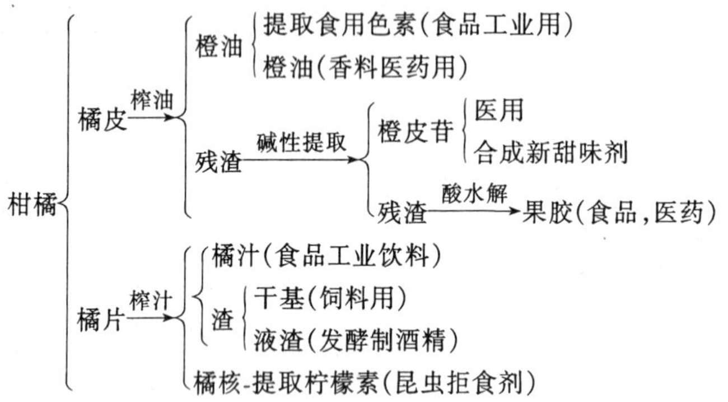

图 3-12　柑橘的综合利用

古巴是世界上三大生产甘蔗的国家之一，产量 50 吨/公顷，产糖率 11%。

甘蔗的综合开发见图 3-13[21]。

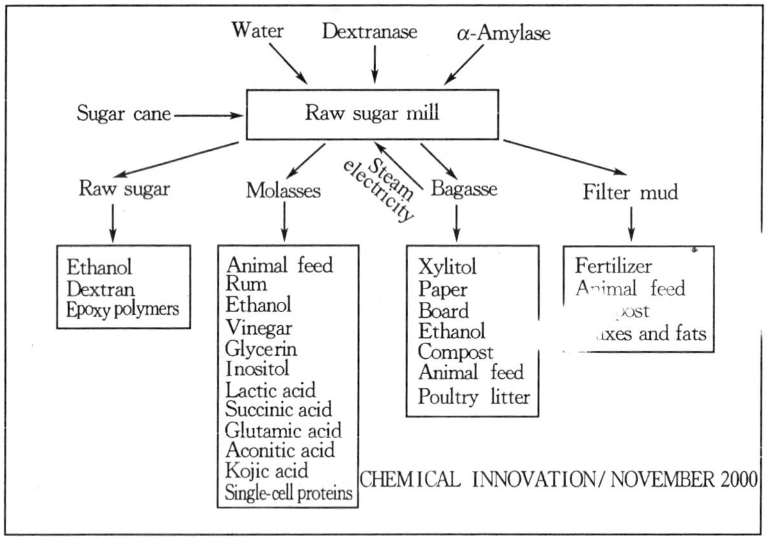

图 3-13　甘蔗的综合利用

Figure 3-13　Diagram of a raw sugar mill showing inputs, products, and chemicals that can be manufactured from the products. Courtesy of W. H. Kampen, Louisiana State University.

Sugarcane yields many products besides sugar

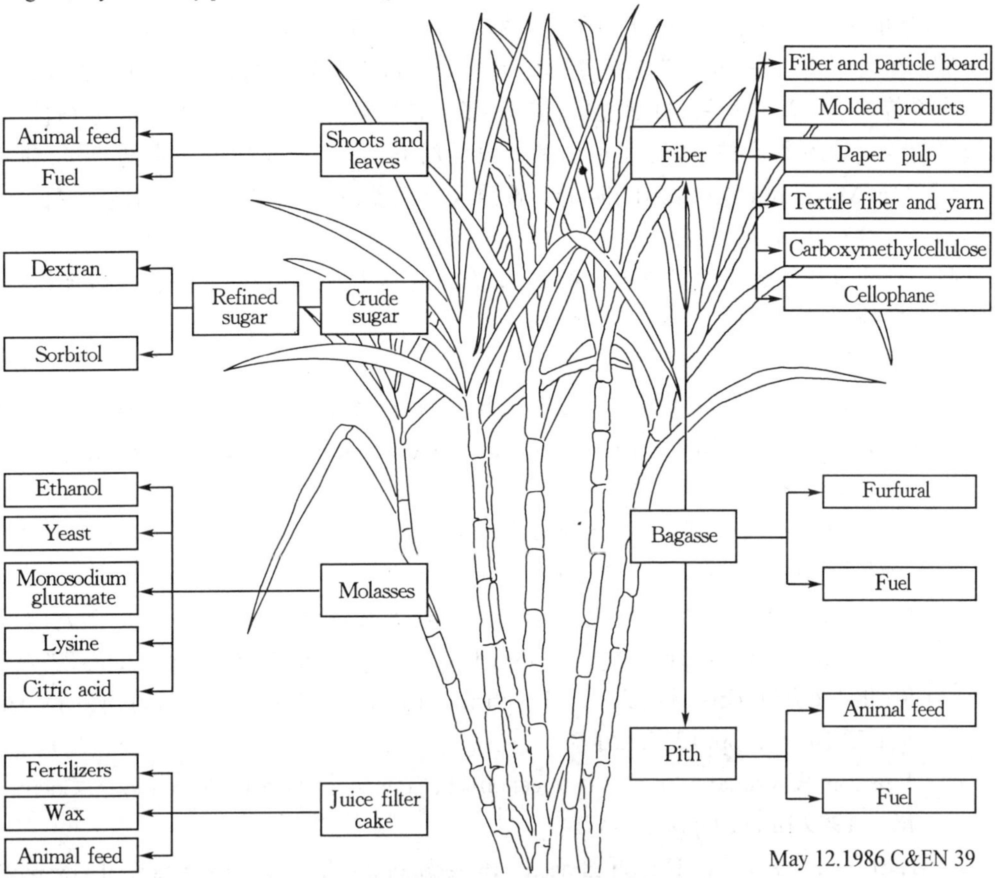

May 12.1986 C&EN 39

Ex. 3-3　细胞培养,(组织培养)生产丰富多彩的次生代谢产物。

植物细胞培养与次生代谢物质(Secondary metabolites)的研究是 20 世纪 5、60 年代兴起的植物生物技术,一般称之为“快速繁殖技术”(Rapid propogation)。利用的原理在于细胞的全能性,离体培养的植物细胞具有原植物同样的合成各种次生代谢产物的能力。

细胞培养是符合可持续发展方针的绿色技术,可用来生产丰富多彩的天然产物,如医药、农药、香料等,经济价值极高、环境效益极好,详见本书第七章。

3.5　以生态学为指导,科学地利用再生资源

以生态学(Ecology)为指导,加强环境保护意识,用高新技术科学持续地利用再生资源,走工农业均衡、持续、健康发展的道路,造福子孙后代。生态学是研究生物个体或群体与周围环境之间相互关系的科学。

人及其栖息环境,包括物理环境、生物环境和社会环境,组成了一个完整的社会生态系统。

社会生态系统是包含能量流、物质流、信息流的极为复杂的系统。

社会生态系统要求维持生态平衡,当然是运动中的动态平衡,生态平衡是永恒与变化的统一,是辩证的平衡,自然生态系统的平衡规律为此提供了一般原理,而特定生态系统的生

态平衡必须通过对物理环境、生物环境与社会环境的考察，对能量流、物质流、信息流的分析以后，才能够掌握其规律。社会生态平衡问题离不开人，建立对人有利的生态平衡，避免对人不利的生态平衡，这是有关生态平衡理论和实践的最重要的问题。因此，从种群生态学的观点来看待再生资源的利用，过捕过猎、滥伐，都会破坏环境，不符合人类的长远利益，我们对资源的科学管理和保护，就是在利用和开发的时候，达到最大持续产量的要求，简称为"MSY"原理(Maximum Sustained Yield)。按照这个原理，一方面产量要达到最大，另一方面又不妨碍人类对它的持久利用。

我们必须以科学的态度对待再生资源，使资源的利用、保护和开发符合生态规律，符合可持续发展的要求。

推荐阅读资料：

[1] Jon Evans. Non-food Crops: turning the corner?. Chem. Brit. 2000 Feb. pp.41-44

[2] Anne Kuhlmann Taylor. From raw sugar to raw materials. Chemical Innovation. 2000 Nov. pp. 46-48

[3] James S Mclaren., Future renewable resource needs: will genomics help?. J. Chem Technol Biotechnol. 2000 75, pp.927-932

[4] Ursula Biermann, et al. New syntheses with Oils and Fats as Renewalle Raw Materials for the Chemical Industry. Angew, Chem. Int. Ed. 2000 39, pp.2206-2224

[5] Karlheing Hill. Fats and oils as oleo-chemical raw materials. Pure Appl. Chem. 2000 Vol 72 No. 7. pp.1255-1264

[6] Jose luis Riechmann et al. Plant genomics: The next Green Revolution?. Chem. & Ind. 1999 June 21 pp.468-472

[7] Herbert Danner and Rudolf Bracen. Biotechnology for the production of commodity chemicals from biomass. Chem. Soc. Rev. 1999 28, pp.395-405

[8] Deborah Gaskell. Sowing the seeds of sustainability. Chem. Brit. 1998 Feb. pp.49-50

[9] Denis J. Murphy. New oils for old. Chem, Brit 1995 Apr. pp.300-302

参 考 文 献

[1] 高庆生. 生物工程进展. 北京：科学文献出版社，1986:38

[2] Deborah Gaskell., Chem. Brit. 1998 Feb. p.50

[3] Herbert Danner and Rudolf Braun., Chem. Soc. Rev. 1999 28, p.396

[4] a. Kovaly, K. A., CHEMTECH. 1982, p. 486
b. Borman, S., C &EN. 1990 Sept. 10, p.19

[5] Robert Costanza, et al., Nature. 1997 Vol. 387, pp.253-260

[6] 葬克强等. 生物技术. 北京：科学出版社，1984:32

[7] Herst Baumann, et al., Angew Chem. Int. Ed. Engl. 1988 27, p.44

[8] Jon Erans., Chem. Brit. 2000 Feb. p.43

[9] C&EN. 1985 Jan. 14, pp.48-49

[10] Berkovitch, I., Manuf. Chemist. 1989 Mar. pp.41-43

[11] Frank Dicosmo, et. al., Chem. Brit. 1989 Oct. p.1002
[12] Ei-Ichiro Ochiai., J. Chem. Educ. 1992 (5), p.357
[13] Frank, B., Angew. Chem. Int. Ed. Engl. 1979 18, pp.429-439
[14] Frederic staat and Elisabeth Vallet., Chem & Ind. 1994 Nov.7, pp.863-865
[15] Rolant Bech., Manuf. Chemist. 1998 June, Np.35-36
[16] Houghton, P. J., J. Chem. Educ. 2001 78(2), p.175
[17] Flores, H. E., Chem & Ind. 1992, p.374
[18] Robinson, R. O., J. Chem. Soc. 1917, p.762
[19] Kutney, J. P., Acc. Chem. Res. 1993. Vol. 26(10), p.561
[20] Wilkinson, S. L., C&EN. 1997 Augst 4, pp.35-43
[21] Taupier, G., C&EN. 1986 May 12, p.39
[22] 徐汉生等,湖北化工.1987(1):25
[23] Grouse, G.D., CHEMTECH. 1998 Nov. pp.36-45

第四章　催化反应——一种重要的清洁工艺

4.1　清洁工艺是当今工业发展的一种新模式

1979年在日内瓦召开的“环境保护领域内进行国际合作的全欧高级会议”上，通过了《关于少废无废技术（工艺）和废物利用宣言》，该宣言指出“无废技术是使社会和自然取得和谐关系的战略方向和重要手段”。欧洲共同体委员会在一篇报告中对“清洁工艺”（Clean technology）下的定义为：“清洁工艺就是以最合理地使用原料和能源来生产产品的一种技术，同时在生产过程和成品的使用过程中，减少排入环境中的可产生污染的废水和废物量”。1984年联合国欧洲经济委员会在原苏联召开的国际会议上对无废工艺作了进一步的解释：“无废工艺乃是这样一种生产产品的方法（流程、企业、地区、生产综合体），借助这种方法，所有的原料和能源在原料—资源—生产—消费—二次原料资源的循环中得到最合理的综合利用。同时对环境的任何作用都不致破坏它的正常功能。”有的学者认为，无废工艺的概念应当包括无害、节能、省地、多用、闭路等内涵，从技术上讲是一种具体技术。从广义上讲，则是包括哲学、经济学、工艺学、工业管理以及规划、立法等方面的综合技术。因此，可以把它看作是当今工业发展的一种新模式。[1][2]

4.2　催化反应是适用于有机合成的清洁工艺[3~5]

愈来愈严格的环境立法以及公众的环保要求迫使许多化学公司放弃传统的“计量反应”（Stoichiometric reactions）而代之以清洁的催化反应。因为前者的原子利用率低而后者的原子利用率高。

例如 α-甲基苯甲醇氧化成为苯乙酮，用传统的铬酸作氧化剂，原子利用率为42%，改用催化氧化则提高到87%。

计量反应：

$$3Ph-CH(OH)CH_3+2CrO_3+3H_2SO_4 \rightarrow 3PhCOCH_3+Cr_2(SO_4)_4+6H_2O$$

原子利用率 $=360/860=42\%$

催化反应：

$$PhCH(OH)CH_3+1/2\ O_2 \xrightarrow{\text{催化剂}} PhCOCH_3+H_2O$$

原子利用率 $=120/138=87\%$

另一个例子是F&C酰基化反应（Friedel-Crafts acetylation），这是精细化工品制造中广泛使用的反应，与F&C烃基化反应不同，它需要超过一个等当量的催化剂 $AlCl_3$ 或 BF_3，这是由于产品酮与 Lewis 酸之间强烈的络合作用所致。

尽管在 F&C 烃基化反应中，沸石(Zeolites)已经广泛替代了矿酸与 Lewis 酸，但是在酰基化反应中却是很难起反应。Rôhne Poulenc 最近报道了首例用 Zeolite 催化酰基化的工业应用，以 Zeolite beta 作催化剂，在液相(Liquid phase)中使苯甲醚起乙酰化反应(Acetylation)，见图 4-1。

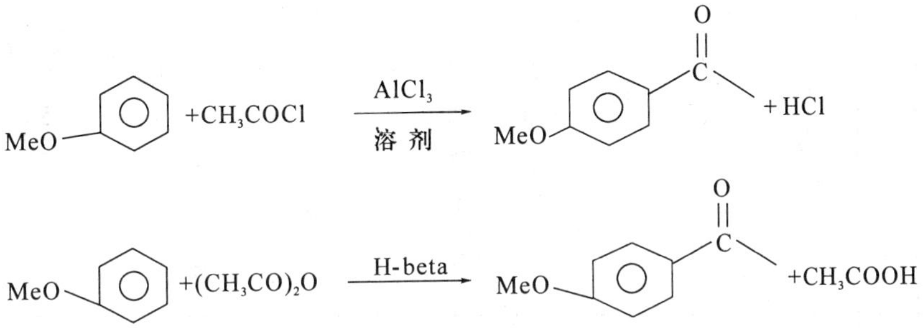

均相	多相
$AlCl_3$>1 当量	H-beta 催化与再生
溶剂	无溶剂
产品水解	不需要水
相分离	—
蒸馏有机相	蒸馏有机相
溶剂循环	—
85%～95%收率	>95%收率/高纯度
4～5kg 排水量/kg 产品	0.035kg 排水量/kg 产品

图 4-1　苯甲醚酰化反应的两种方法比较

Fig. 4-1　F&C acylation: classical vs zeolite-catalyzed

沸石催化酰化反应用醋酐作酰化剂，并且不要溶剂。相反，经典方法用乙酰氯与 1 当量 $AlCl_3$ 结合(用醋酐则要求>2 当量的 $AlCl_3$)，而且要用氯烃作溶剂。新工艺避免了在酰化与生产乙酰氯过程中发生的 HCl。老工艺每生产 1kg 对甲氧基苯乙酮要排出 4～5kg 水(含有 $AlCl_3$, HCl, 残余氯烃与乙酸)。而替代的催化法新工艺则每生产 1kg 产品只排出 0.035kg水(即小 100 倍)，其中含 99% H_2O, 0.8% CH_3COOH 与<0.2%其他有机物，滤出催化剂后即可蒸出产品，且收率高(>95%)于老工艺(85%～95%)。催化剂可循环再用。单元操作过程从 12 步减少到 2 步。

随着催化剂的不断进步(如酶及化学酶)，条件(如溶剂无毒化)的不断改进，催化反应在精细化工品生产中，对老工艺的“绿色化”改造，将会发生愈来愈多的作用。表 4-1 列出了一些新老工艺的比较[6]。

表 4-1

经典工艺与环境友好新工艺的比较

Conventional	New technology company	Status	
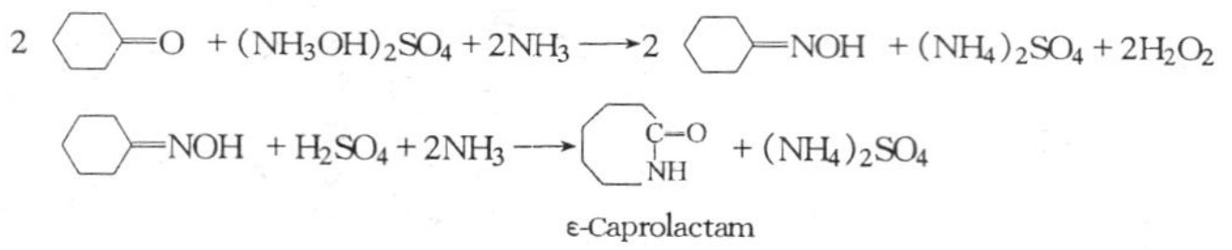	Montedipe Union Carbide（联合碳化合物公司）	Pilot plant Pilot plant	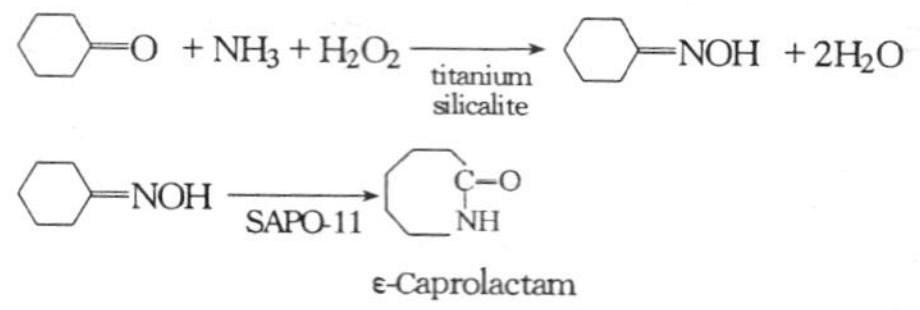
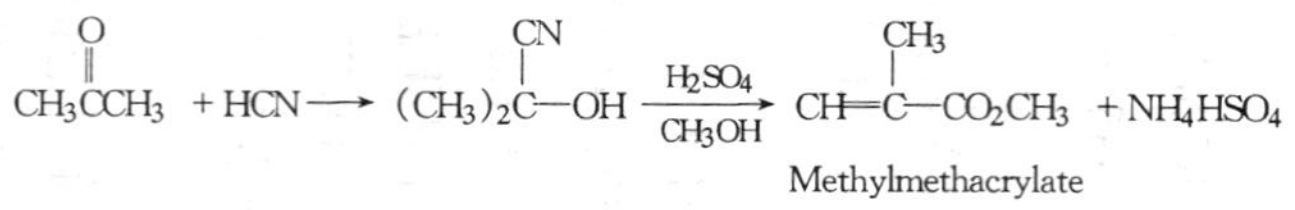	Mitsubishi(三菱) Rayon	Commercial	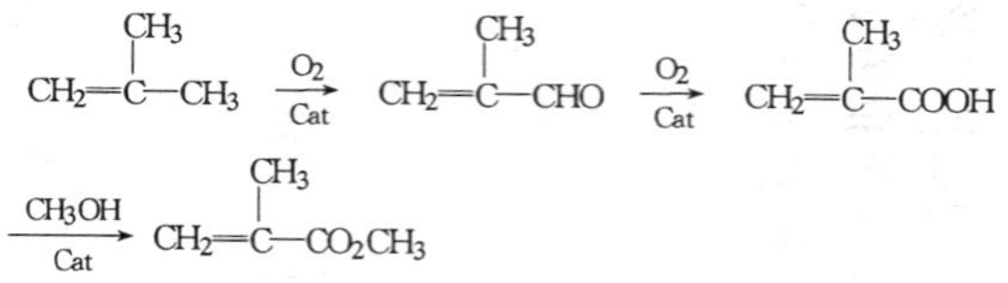
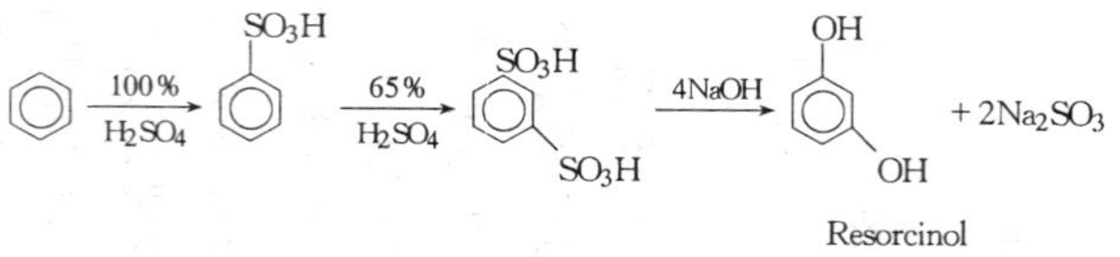	Sumitomo（住友公司(日)）	Commercial	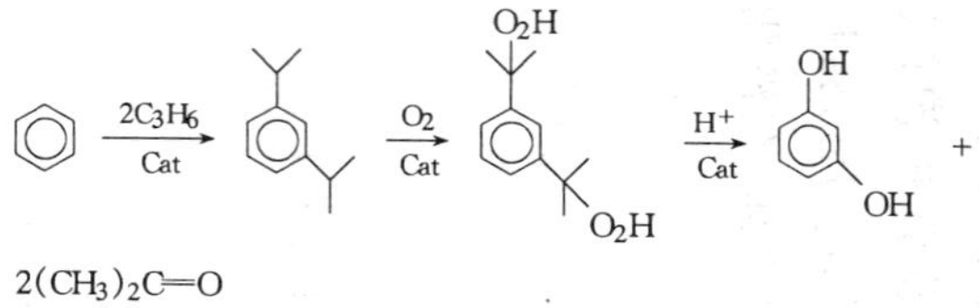
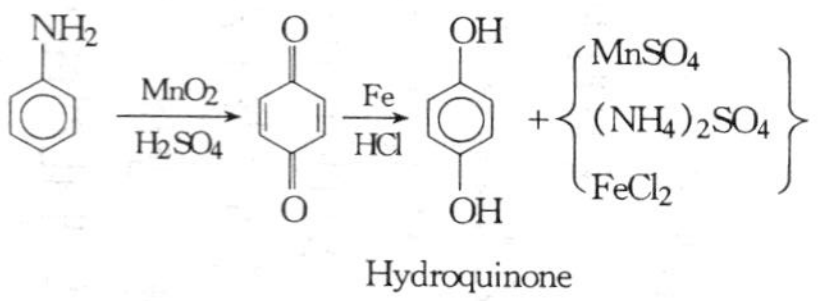	Snamprogetti	Commercial	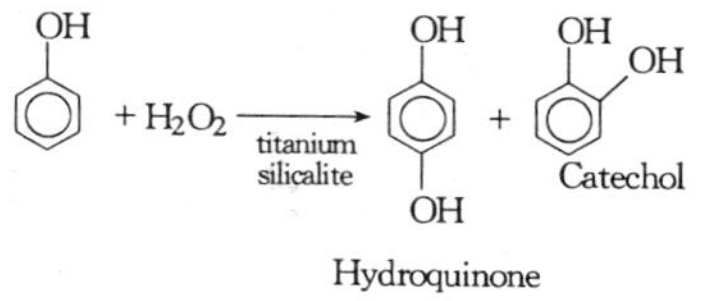

续表

$H_2C{=}CHCN + H_2O \xrightarrow[2.\ NH_3]{1.\ H_2SO_4} H_2C{=}CHCONH_2 + (NH_4)_2SO_4$ Acrylamide	Nitto Chemical （日东化学）	Commercial	$CH_2{=}CHCN \xrightarrow[\text{hydratase}]{\text{nitril}} CH_2{=}CHCONH_2$
$CH_3CH_2CH{=}CH_2 \xrightarrow{H_2SO_4} CH_3CH_2CH(SO_4)CH_3 \xrightarrow[-H_2SO_4]{H_2O}$ $CH_3CH_2CH(OH)CH_3 \xrightarrow[-H_2]{Cat} CH_3CH_2C(=O)CH_3$ Methylethyl kotone	Catalytica	Pilot plant	$CH_3CH_2CH{=}CH_2 + 1/2O_2 \xrightarrow[\text{anion}]{\text{Pd-hetoropolyacid}} CH_3CH_2C(=O)CH_3$
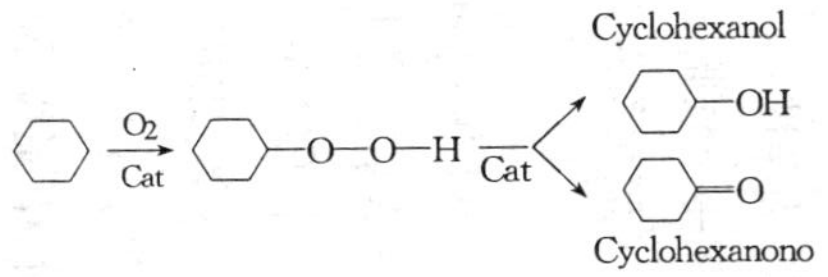O2 Cat O—O—H Cat Cyclohexanol OH O Cyclohexanono	Asahi Chemical （旭化学）	Commercial	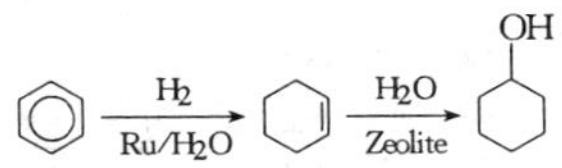H2 Ru/H2O H2O Zeolite OH

《CHEMTECH》1992 Aug. pp. 486-487

Table 4-1　Conventional and new environmentally friendly technologies compared

4.3 催化氧化[5][7]

1983 年在一篇专著中提到"铬试剂的氧化反应工艺简单,在实验室与工业中放大都容易办到,铬酸试剂在有机化学中流行已达一个世纪了"[8]。

日益严格的环境限制不允许工业上继续使用重铬酸盐、高锰酸盐、二氧化锰等经典的计量化学氧化剂。因此,出现了一个普遍的动向,即用催化法取代这样一些过时的技术,因为催化法不产生含有大量无机盐的废水。

虽然在批量化学品生产中首选的氧化剂主要限于分子氧,但精细化工产品的附加价值高,允许选用多种不同的氧化剂(表 4-2),尽管 H_2O_2 比 O_2 昂贵,但精细化工产品的制备仍然常常选用 H_2O_2 作氧化剂,它是一位"清洁先生"(Mr. Clean),因为它反应后的副产物只是水[9][10]。另一种能进行高选择性氧化的"清洁"氧化剂是臭氧[7]。虽然 O_3 需要有专用发生设备,致使固定设备费用增加,但从采用清洁低盐技术(Cleaner low-salt technologies)的趋势来看,在将来采用臭氧作氧化剂可能是有益的[10]。

表 4-2　　　　氧　化　剂

供氧剂	活性氧%	氧化副产物
H_2O_2	47.0[a]	H_2O
O_3	33.3	O_2
t-BuO_2H	17.8	t-BuOH
NaClO	21.6	NaCl
$NaClO_2$	19.9[b]	NaCl
NaBrO	13.4	NaBr
HNO_3	25.4	NO_x
$C_5H_{11}NO_2$[c]	13.7	$C_5H_{11}NO$
$KHSO_5$	10.5	$KHSO_4$
$NaIO_4$	7.0[b]	NaI
C_6H_5IO	7.3	C_6H_5I

说明:a. 以 100% H_2O_2 为基准。

b. 假定只能利用一个氧原子。

c. N-甲基吗啉-N-氧化物简称 NMO。

甲基异氰酸酯(Methyl Isocyanate, MIC)是合成氨基甲酸酯类农药的重要中间体,沸点低(BP. 43～45℃),毒性大,它是由光气与甲胺反应而得的:

$$COCl_2 + CH_3NH_2 \longrightarrow CH_3NCO + 2HCl$$

1984 年 12 月 3 日凌晨,印度中央邦首府博帕尔(Bhopal)隶属于美国联合碳公司(Union Carbide Co.)的一家农药厂的一个地下贮槽(装有 45 吨 MIC)阀门失灵,甲基异氰酸酯外泄(当时室外温度 17℃,贮槽温度 38℃),造成 2500 人死亡,20 万人中毒,全市 67 万人的健康受到危害,400 多头牲畜死亡,这就是引起世界震惊的博帕尔事件。由于事故严重,联合国降半旗致哀[11]。

杜邦公司研究出一条非光气合成甲基异氰酸酯的安全生产路线:在多段隔热反应器中,以空气来氧化 N-甲酰甲基胺[12]。

$$CH_3NH_2 + CO \longrightarrow CH_3NH \cdot CHO \qquad (90\%)$$

$$2HCONHCH_3 + O_2 \longrightarrow 2CH_3NCO + 2H_2O$$

$$(86\%)$$

随时生产,即刻使用,在整个装置中,任何时候只存留有少量(几磅)MIC,不会出现重大事故。

有机合成中的一个重要反应是醇类通过选择性地氧化得到相应的羰基化合物。精细化工生产中迫切需要找到一个绿色的氧化方法。

较好的方法是用清洁氧化剂(如 O_2 或 H_2O_2)有效地与醇类反应。Sheldon 等[13]最近发现了联合使用 $RuCl_2(Ph_3P)_3$ 与 TEMPO(2,2′,6,6′四甲基哌啶-N-羟氧基)作催化剂用于醇类的需氧氧化反应(Aerobic oxidations)。此方法能有效地使系列的伯醇、仲醇与烯丙基醇类氧化成为相应的醛、酮,见图 4-2。

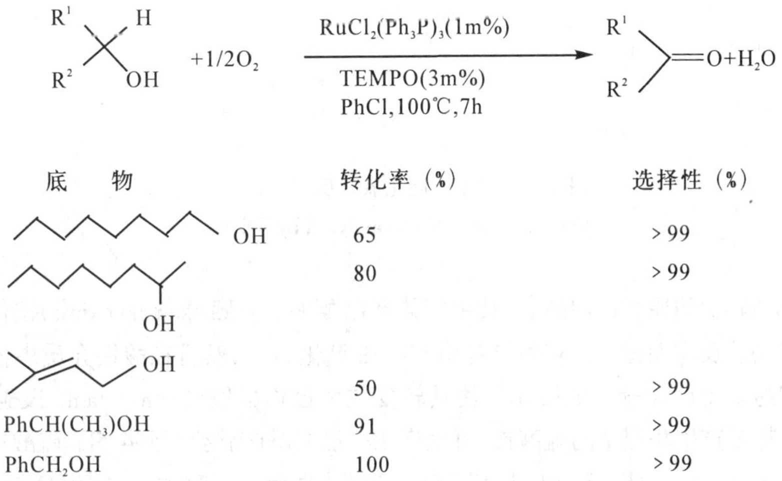

图 4-2　在 Ruthenium/TEHPO 催化下醇类的需氧氧化反应

Fig. 4.2　Ruthenium/TEMPO-catalyzed aerobic alcohol oxidations

醇类的选择性催化氧化反应,近年来有许多报道[14]。

在精细化工工业中常选用 H_2O_2 作为氧化剂,因为它适用于现有的单锅反应设备,将氧化还原金属离子(Redox metal ions)固载在分子筛骨架上(Zeolite lattice framework)称为"氧化还原分子筛"(Redox zeolite)。它的第一个实例就是 Enichem 公司开发的合成钛(IV)分子筛 TS-1(Titanium silicalite),以它为催化剂,30% H_2O_2 为氧化剂的组合在有机合成上有很多用途(图 4-3),反应条件很和缓。其中从苯酚氧化制儿茶酚与对苯醌已经实现工业化。

与传统的支载氧化催化剂(Supported oxidation catalysts)相比较,氧化还原分子筛具有许多优点,与无定形材料不同,分子筛有均匀的微环境,含有规范的通道(Channels)与孔穴(cavities),通道与孔穴的大小尺寸正好在纳米范围内,而且是可调节、能"定制"(Tailormade)的,所以具有其他催化材料无法比拟的特点。在催化反应中显示出高催化活性与高选择性。因此这种材料可认为是"矿物酶"[15](Mineral enzyme)。

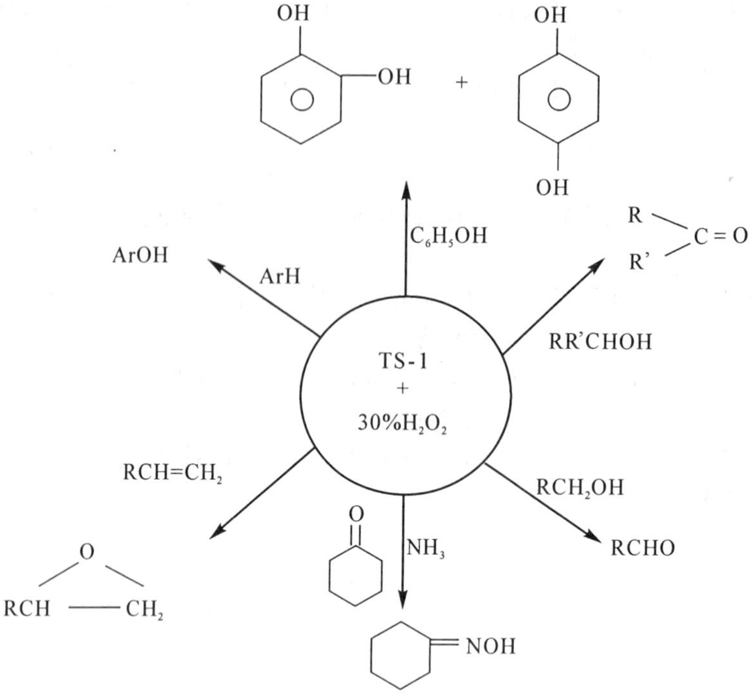

图 4-3 TS-1 的催化氧化反应

Fig 4-3 Oxidations catalyzed by TS-1

尼龙-6(Nylon-6)的原料己内酸胺,其中间体环己酮肟(Cyclohexanone oxime)按传统的工艺是由环己酮与羟胺反应而得。而羟胺则是由空气去氧化 NH_3,然后在酸性介质中催化氢化而制得。环己酮肟要用计算量的硫酸作用使其转变成为己内酰胺(Caprolactam, Beckmann 重排反应),每一步都要产生相当量的硫酸铵,每生产 1kg 己内酰胺就要得到4.5kg 硫酸铵[3]。

最近意大利 Enichem[16]公司开发了一种新工艺,是由环己酮与 NH_3 和 H_2O_2 经过氨氧化反应(Aminoxidation)制得环己酮肟(图 4-4),此法用的是固体催化剂氧化还原分子筛硅酸钛(TS-1)。然而还没有完全解决生成盐的问题,粗略估计,与老工艺相比,新工艺由 Beckmann 重排只生成 2/3 量的硫酸铵。

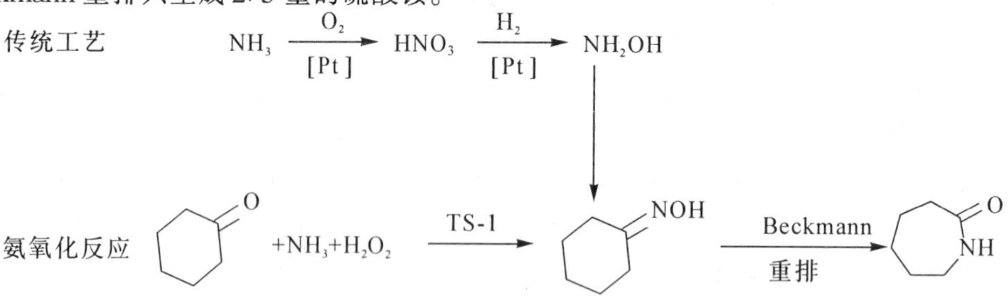

图 4-4 己内酰胺生产

Fig. 4-4 The manufacture of ε-caprolactam

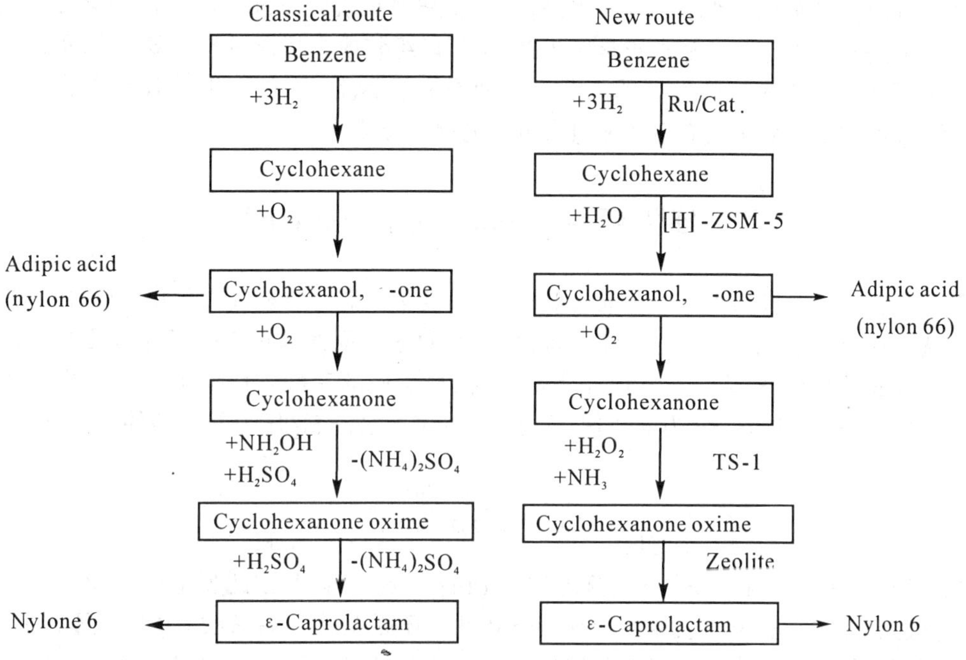

图 4-5 从苯制造己内酰胺新老路线的比较[17]

Fig. 4-5 Comparison of the classical and new routes for the preparation of ε-caprolactam starting from benzene

这个问题目前已得到解决，住友(Sumitomo)的学者报道用高硅(high-silicon)ZSM-5(Si/Al≥1000)的沸石作为固相催化剂，使环己酮肟在气相下重排生成己内酰胺，选择性为95%，转化率为100%[14]。氨氧化过程经 TS-1 同时生成 NH_2OH 串联起来，此技术也可应用于其他的醛(酮)，例如对羟基苯乙酮转变成相应的肟[19]，再经 Beckmann 重排而生成止疼药物 Paracetamol[19]。

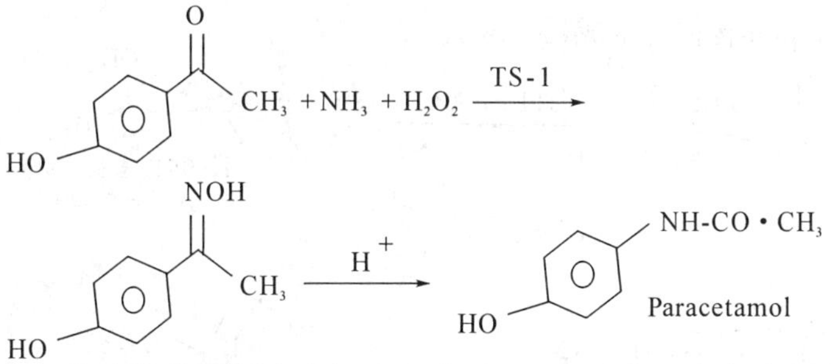

由于酶催化与仿酶催化的研究在探索生命过程，以及在工农业实际应用中的意义与作用愈来愈重大，因而近期不少催化学家以具有通道与孔穴的分子筛，模拟天然酶蛋白功能部分，在其中组装仿酶活性中心与辅因子，进行全仿酶催化模拟体系的研究。

特别在仿酶氧化催化方面，以 Fe 等过渡金属为中心原子的卟啉、酞菁、席夫碱等大环配合物模拟细胞色素 P_{450}辅基血红素的单加氧酶组装于大孔或介孔分子筛中，获得一系列很有意义的成果。另一方面，在分子筛孔腔中的组装路线与技术也有相当进步[15b]。

随着环境保护意识与要求的日益提高，人们愈来愈重视开发高效的清洁催化工艺与绿色催化合成路线。由于分子筛本身是固体酸，又可以组装成为超强酸与杂多酸，且可以藉多种变价杂原子调变成为不同类型的氧化还原催化剂。因此，不仅可以替代硫酸、氢氟酸、$AlCl_3$ 等，且可在众多氧化反应中发挥愈来愈多的绿色催化作用。

4.4 催化还原(Catalytic reduction)[5]

催化氢化已广泛应用于有机合成工业，许多功能基都能有效地进行氢化反应，而且具有高度的选择性(包括化学、区域与立体选择性)。然而这方面的新进展仍然不断出现。例如Rôhne Poulenc[20]成功地开发了一种催化剂，使很难反应的芳酸与脂肪酸直接发生氢化反应，反应是以支载下的 Ru-Sn 为催化剂，在 250～300℃、1bar H_2 压力气相条件下完成。

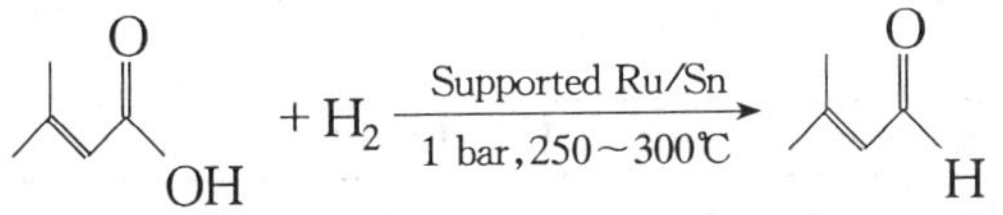

正十二烷酸(1-Dodecanoic acid)与三氟乙酸(Trifluoroacetic acid)按此反应分别得到正十二醛与三氟乙醛；α,β-不饱和酸发生具有化学选择性地还原而得到 91%收率的相应不饱和醛。同样，三菱公司(Mitsubishi)[21]以氧化锆(Zirconia)或氧化铬(Chromia)为催化剂，对芳酸、脂肪酸、不饱和酸进行气相直接氢化也得到了相应的醛，此工艺达到了工业化规模。

Meerwein-Ponndorf-Verley(MPV)还原反应广泛用于醛、酮的还原技术，生成相应的醇类，实际操作是反应底物与一个供氢体(hydrogen donor)，通常是异丙醇，在烷氧化铝(如 $Al(OPr)_3$)存在下起作用。MPV 反应通常需要计算量的烷氧化铝，这是由于其中的烷氧基要发生缓慢的变化。据最近的报道[22]，Zeolite-Beta 可以催化 MPV 还原反应。这的确是催化作用，而且通过简单的过滤就可以回收催化剂并循环使用。4-叔丁基环己酮(4-tertbutyl-cyclohexanone)进行选择性还原时的另一个优点是可以选择性地生成热力学上不太稳定的顺式醇(Cis-alcohol)，收率高过 95%以上，这是个重要的香料中间体。与此对照，若按经典的 MPV 还原，得到的却是反式异构体(trans-isomer)。由于 Zeolite 的孔穴限制了选择性的过渡态，所以才利于 β-异构体的生成(图 4-6)。

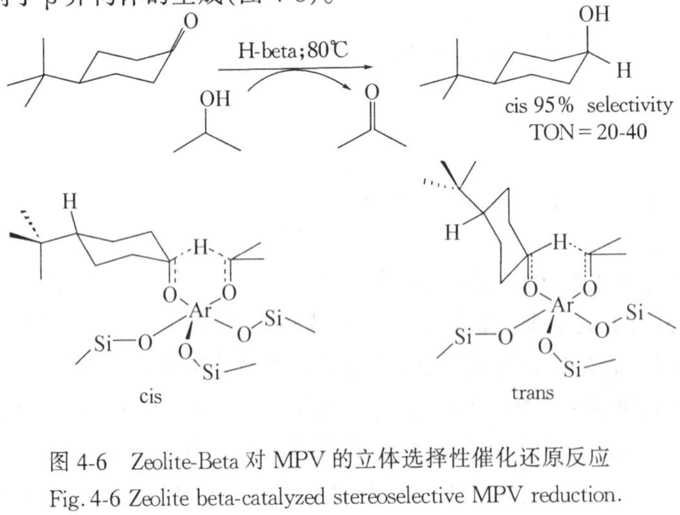

图 4-6 Zeolite-Beta 对 MPV 的立体选择性催化还原反应

Fig. 4-6 Zeolite beta-catalyzed stereoselective MPV reduction.

4.5 催化法形成 C—C 键[5]

最重要的形成 C—C 键的催化方法是羰基化(Carbonylation)。在精细化工中成功应用的典型例子是布洛芬(Ibuprofen)和甲基丙烯酸甲酯(Methyl methacrylate MMA)。

布洛芬的生产是说明高度原子利用率的绝妙的例子。这是一种消炎止痛药,年产 8000 吨,年销售额 14 亿美元($ 1.4 billion)。

图 4-7 中列举了两种生产布洛芬的方法,两条路线有一个共同的中间体对-异丁基苯乙酮(p-iso-butyl acetophenone),它是由异丁基苯经过 F&C 酰化反应制得的,Boots 公司(布洛芬发明者)采用的经典路线,必须有许多步原子利用率相当低的反应,并且生成大量的无机盐。Hoechst-Celanese 公司[23]开发的另一条精巧的路线只有两步:催化氢化(Catalytic hydrgenation)与催化羰基化(Catalytic carbonylation)。原子利用率为 100%,不产生副(废)产物。最近 Texae 所采用的生产路线是将 Boots 与 Hoechst-Celanese 的优点结合起来的工艺。

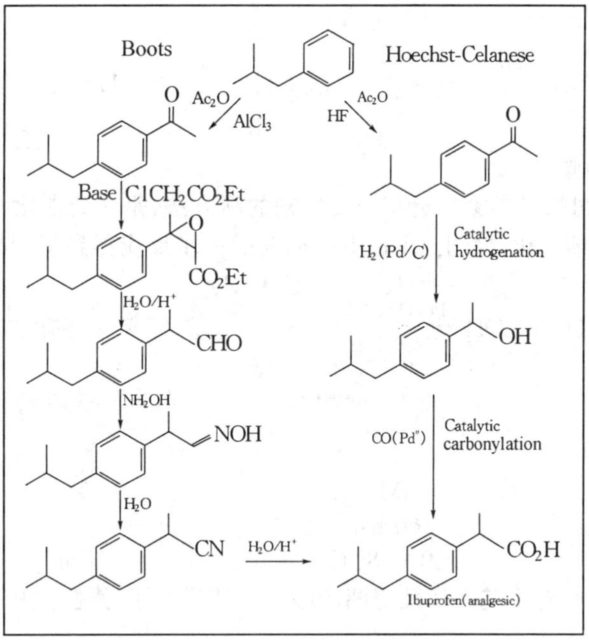

图 4-7 布洛芬(Ibuprofen)的两条生产路线

Fig 4-7 Two routes to Ibuprofen

有趣的是共同中间体对-异丁基苯乙酮的生产也是经典的"计算量"技术的一个好例子。Boots 法用的是计算量的 $AlCl_3$ 而 Hoechst-Celanese 法用的是液态 HF 作为试剂与溶剂。就盐的生成而言,Hoechst-Celanese 法也更有吸引力,因为 HF 可以回收与再用。尽管如此,真正的催化法更有利。正在努力开发的固相催化剂如浮石与酸性白土用于 F&C 酰化反应[24]。F&C 反应在精细化工工业中应用非常广泛。开发真正适用的催化技术,其影响也是非常大的。

Hoechst-Celanese 的化学家采用催化的逆合成分析(Catalytic retro synthetic analysis)方法,选择了原子利用率高的生产布洛芬的路线:

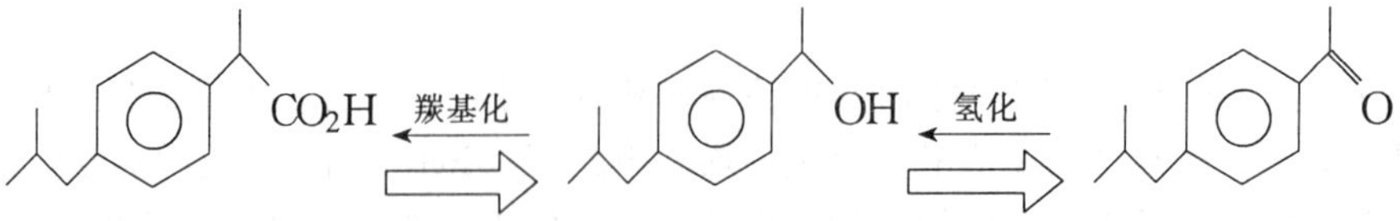

甲基丙烯酸甲酯(methyl methacryate)是个重要的工业用单体,世界年产量超过百万吨,传统的方法(腈醇法)是用丙酮(制苯酚的副产物)与氢氰酸(制丙烯腈的副产物)来生产。这是充分利用副产物生产另一新产品的典范。但是它有一个严重的缺点,即每生产 1 公斤甲基丙烯酸甲酯,就会产生 2.5 公斤的$(NH_4)HSO_4$,换句话说即 E-因子为 2.5。

原子利用率 46%　　E-因子 2.5

BASF 的方法是 C_1(合成气,甲醇、甲烷),C_2(乙烯)为原料,采用催化氧化与羰基合成方法,除了产生 2 分子水之外,别无其它副(废)产物,大大提高了竞争能力[25]。

$$CH_2=CH_2+CO+H_2 \longrightarrow CH_3CH_2CHO \xrightarrow[H_2O]{+CH_2O}$$

$$\underset{\text{甲基丙烯醛}}{CH_2=\underset{\displaystyle CH_3}{\underset{|}{C}}-CHO} \xrightarrow{\langle O\rangle} CH_2=\underset{\displaystyle CH_3}{\underset{|}{C}}-COOH \xrightarrow[-H_2O]{CH_3OH} CH_2=\underset{\displaystyle CH_3}{\underset{|}{C}}-COOCH_3$$

壳牌(Shell)公司的科学家们近年开发出来的新方法,是在钯催化下使甲基乙炔(Methyl acetylene)进行甲氧羰基化(Methoxy carbonylation)一步反应得到了产品:

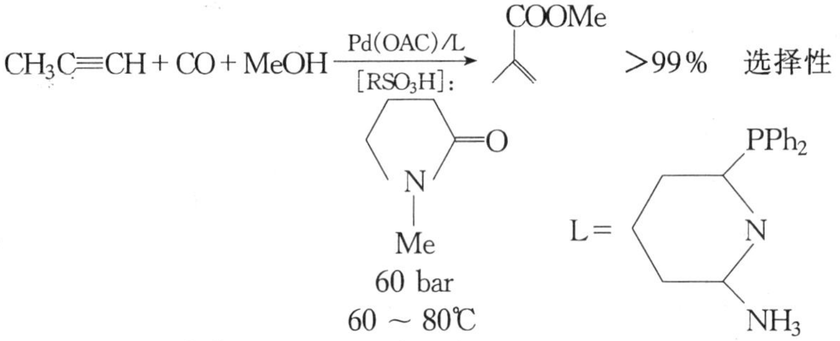

>99%　选择性

Keijsper. J. 等[26]对甲基丙烯酸甲酯的绿色工艺进行了综述,文中对其环境效益与经济效益作了分析。

碳酸二甲酯(Dimethyl carbonate 简称 DMC)是一种重要的有机试剂,能起多种亲核反应。作为绿色的甲基化试剂(Methylating reagent),可替代剧毒的硫酸二甲酯。广泛用于有机合成工业,如医药、农药的生产中,需求量很大[31][32]。

DMC 早期也用光气法生产,反应如下:

$$CH_3OH+COCl_2 \longrightarrow Cl-\overset{\displaystyle O}{\overset{\|}{C}}-OCH_3+HCl$$

$$Cl-\overset{\displaystyle O}{\overset{\|}{C}}-OCH_3+CH_3OH \longrightarrow (CH_3O)_2CO+HCl$$

$$\overline{2CH_3OH+COCl_2 \longrightarrow (CH_3O)_2CO+2HCl}$$

原子利用率为：$\frac{90}{90+2\times37}\times100\%=54.9\%$

此法的缺点是要用剧毒的光气，而且要用 NaOH 去中和 HCl 从而生成大量的 NaCl。

1983 年意大利 Enichem 公司首创了氧化羰基化（Oxidative carbonylation）方法生产 DMC[33]：

$$2CH_3OH+CO+1/2O_2\xrightarrow[110\sim130℃]{CuCl_2}(CH_3O)_2CO+H_2O$$

新法是清洁工艺，除了产品之外，只有水。

原子利用率为：$\frac{90}{90+18}\times100\%=83.3\%$。

初期年产量为 8000t，后提高到 12000t。

Dow 化学公司[34]申请了改进的氧化羰基化技术专利，以 $CuCl_2$/活性炭为催化剂，用气相法（Vapor phase process）生产，反应机理如下：

$CuCl_2+2CH_3OH\longrightarrow Cu(OCH_3)Cl+CH_3Cl+H_2O$

$Cu(OCH_3)Cl+CO\longrightarrow Cu(CO-OCH_3)Cl$　　（CO 插入）

$Cu(CO-OCH_3)Cl+Cu(OCH_3)Cl\longrightarrow(CH_3O)_2CO+CuCl_2$

$CuCl_2+1/2O_2\xrightarrow{2CH_3OH}2Cu(OCH_3)Cl+H_2O$

华中科技大学化学系李光兴教授等在液相氧化羰基合成 DMC 领域取得了重大突破，现与湖北兴发化工集团合作承担完成了国家下达的“甲醇液相氧化碳基合成羰酸二甲酯”工业性试验项目。

DMC 反应活性高、毒性低，本身能生物降解、定量转化且 100%单甲基化选择性（Monomethyl selectivity），采用简单的气/液 PTC 反应，以连续化工艺可以生产许多重要的有机化合物[35][36]（见表 4-3）。

表 4-3　　在 GL-PTC 条件下 DMC 的亲核反应

Reagent	Product
ArOH	$ArOCH_3$
ArSH	$ArSCH_3$
$ArNH_2$	$ArNHCH_3$
ROH	$ROCOOCH_3+(RO)_2CO$
$RhCH_2CN$	$PhCH(CH_3)CN$
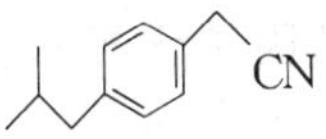	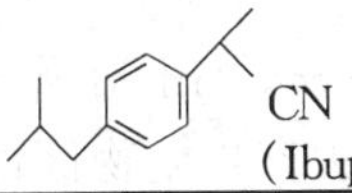 (Ibuprofen precursor)

Table 4-3 Reactions of DMC with different nucleophiles under GL-PTC conditions.

4.6　生物催化[5]

生物催化转化有许多优点，可在绿色化学中广泛应用。它们通常是在水介质中、常温常压下完成，比传统的化学反应步骤要少，因为一般无需进行功能基的保护与脱保护，例如 P. G 水解得 6-APA 酶法在 37℃、水介质中一步完成，而化学法则需要 3 步，−40℃ 低温下完成，还要计量使用许多化学试剂，导致高的 E-因子。然而，从化学方法转向酶法去酰基化的主要原因是为了避免用 CH_2Cl_2 作溶剂[27]。

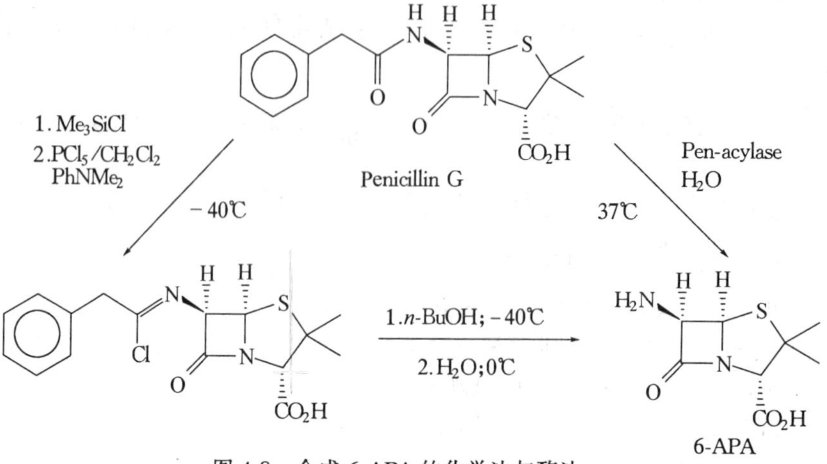

图 4-8　合成 6-APA 的化学法与酶法

Fig 4-8 Chemical vs enzymatic route to 6-APA.

生物催化的另一好处是有化学、位置、立体选择性，这些在化学法中很难实现甚至是不可能达到的、确切的例子是 Lonza[28] 开发的微生物催化的环羟基化与芳香杂环的侧链氧化反应。这两种反应目前用化学法是办不到的。

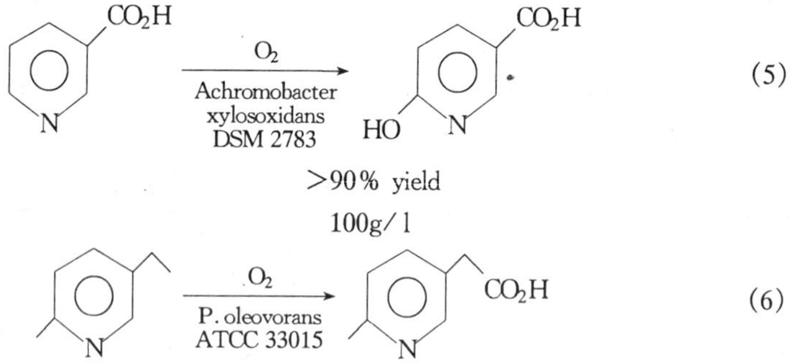

图 4-9　微生物催化的环羟基化与芳香杂环的侧链氧化反应

Fig. 4-9　The microbial ring hydroxylation and side chain oxidation of heteroaromatics.

Joseph Affholter 与 Frances Arnold 著文介绍了化学家们如何运用基因工程规则(The rules of genetic engineering)去产生生物催化剂，用于化学工业中[29]。

基因工程即遗传工程，也叫做重组 DNA 工程。它是一项可以直接对生物的基因进行操作的崭新技术，基本上包括三方面工作：第一，要取得人所需要的基因，即人需要它进行工作的一种遗传信息；第二要有能运载基因的媒介——载体，现在已知道，可以运载基因的载体有质粒(Plasmid)和病毒(Virus)；第三，要有能接受载体的生物，目前最常用的是大肠杆菌(E. Coli)。

大肠杆菌是一种细菌，常见于人和其他动物的消化道里。它通常是无毒害的微生物，而且生殖很快，在良好条件下每 25 分钟能进行一次细胞分裂。选用大肠杆菌的主要理由是它的细胞里可以含有质粒；它与质粒可以“和平共处”，而人们所需要的基因又常可以在大肠杆菌里进行工作,产生出人所需要的物质[30]。

简言之,遗传工程即人们利用极为巧妙的技术,取得某种生物的基因(人所需要的基因),又用非常精细的技术,把这基因介绍进另一种生物的细胞里,让它在那里“安家落户”,产生出人所需要的物质,使生物更好地为人类服务。

化学家们运用基因工程的原理,研究出了一种改进酶催化剂的新工艺——定向分子演变法(Directed molecular evolution,DME),这有可能给相关的化工技术带来革命性的变化。

酶是一种蛋白质,是一种生物反应的催化剂,细胞里发生的各种化学作用都离不开酶。酶的种类非常多,不同的酶有不同的功能。酶本身是不能自己复制的;在特定的基因作用下才能产生出特定的酶。

典型的 DME 实验操作见图 4-9。

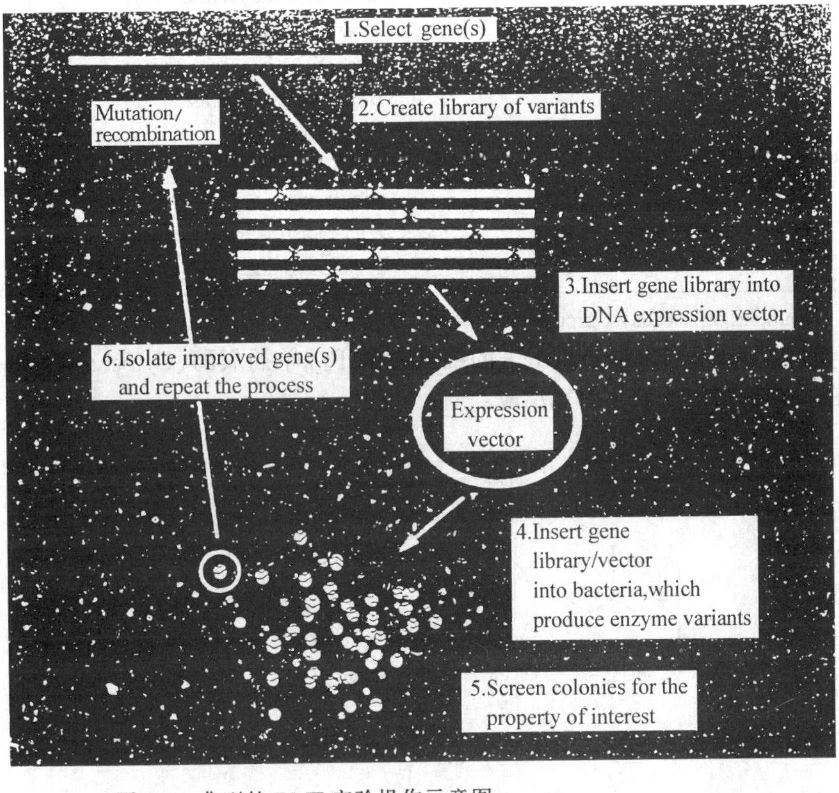

图 4-9　典型的 DME 实验操作示意图

Fig. 4-9 Outline of a typical DME experiment (Chem. Brit. 1999 Apr.)

用 DME 法改进的生物催化剂性能实例见表 4-4。

表 4-4　DME 改进的生物催化剂性质

Altered property	Target enzyme(s)
Increased thermostability	subtilisins(proteases)
	p-nitrobenzyl esterase
Increased activity in organic solvents	subtilisin E
	p-nitrobenzyl esterase
	chloroperoxidase

续表

Altered property	Target enzyme(s)
Altered substrate specificity	β-galactosidase
	atrazine hydrolase
	thymidine kinase
	alkyl transferase
	lipases
	aspartate aminotransferase
	dioxygenases
Increased enantioselectivity	lipase
	esterase
	transaminase
Increased activity	aminoacyl transferase
	atrazine degradation pathway
	arsenate resistance pathway
	p-nitrobenzyl esterase
	cytochrome P_{450}
Increased gene expression	green fluorescent protein
	subtilisin E
	horseradish peroxidase
	galactose oxidase

Table 4.4 Examples of biocatalyst properties improved by DME

图 4-10 表明从不同来源分离出来的细胞色素 P_{450}单插氧酶(Cytochrome P_{450} monoxygenases)在不同底物中的催化插氧反应。

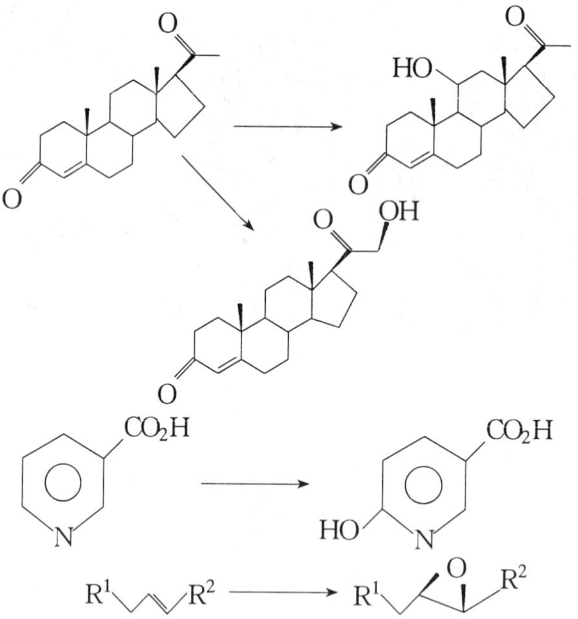

图 4-10 细胞色素 P_{450}单插氧酶在不同底物中的催化插氧反应

Fig 4-10 Cytochrome P_{450} mono-oxygenases isolated from different sources catalyse oxygen insertion into a wide variety of substrates

参 考 文 献

[1] 张淑群,廖培成,化工进展,1994(3):26

[2] Tim Lester.,Chem. Brit.1996 Dec.p.45

[3] Sheldon, R.A.,Chem. & Ind.1997 Jan.6, pp.12-15

[4] Sheldon, R.A.,J.Mol. Cat. A:Chemical.1996 107, pp.75-83

[5] Sheldon, R.A.,Pure & Appl. Chem.2000 72(7),pp.1233-1246

[6] Cusumans, J.A.,CHEMTECH. 1992 Aug. pp.482-489

[7] a. Sheldon, R.A., CHEMTECH. 1991 Sept. pp.566-576

b. 上文译文.石油化工译丛.1992(6):42~48

[8] Cainelli, C. and Cardillo, G. Chromium Oxidations in Organic Chemistry. Springer, Heidelberg. 1984

[9] 林道权,许绍权,化学教育,2000(10):1~4

[10] Attina, R., Bolzachini, E., et al.,Chem. Innovation. 2000 Sept. p.21

[11] a. 赵咏,张春林,冯启瑞.世界100灾难排行榜.北京:中国经济出版社,1994:319~324

b.《新民晚报》1999年5月8日第9版

[12] DuPont, U.S.4537726 1985; Chem.Abs. 104 6302n 1986

[13] Dijksman, A., Arends, I.W.C.E., Sheldon, R.A.,Chem. Commun.1999, p.1591

[14] a. Marko, I.E., Giles, P.R., Tsukazaki, M., et al.,J.Am.Chem.Soc.1997 119 p.112661

b. Hinzen, B., Lenz, R., Ley, S.V.,Synthesis.1998, p.997

c. Bleloch, A., Johnson, B.F.G., Ley, S.V., et al.,Chem. commun.1999, p.1907

d. Kaneda, K., Yamashita, T., Matstushita, T., et al.,J.Org, Chem.1996 63, p.1750

e. Matsushita, T., Ebitani, K., Kaneda, K.,Chem. Commun.1999, p.265

f. Vocanson, F., Guo, Y. P., Namy, J.L., et al.,Synth Commun.1998 28, p.2577

g. Hanyu, A., Takewawa, E., Sakaguchi, S. et al., Tetrahedron Lett.1998 39, pp.55-57

h. Marko, I.E., Giles, P.R., Tsukazaki, M., et al.,Science.1996 274, p.2044

[15] a. ref 4.p.78

b. Herron, N.,CHEMTECH. 1989 Sept. p.542

[16] Romano, V.,et al.,Chem. Ind.(Milan) 1990 72, p.610

[17] Hoelderich, W.F., Dahlhoft, G.,Chem. Innovation.2001 Feb. p.30

[18] Sato, H., Hirose, K., Kitamura. M., & Nakanvera, Y., in "Zeolites: facts, fig-

ures, future"(Eds P. A. Jacobs & R. A. Van Sauten)
[19] Le bars, J., Dakka, J. & Sheldon, R. A., Appl. Catal A: General. 1996 136, pp. 69-80
[20] Ratton, S., Chem. Today. 1997 March/April, pp. 33-37
[21] Yokoyama, N., et al., Appl. Catal. A: General. 1992 88, p. 149
[22] Creyghton, A. et al., J. Mol, Catal A: Chemical. 1997 115, p. 457
[23] Elange, N. et al., E. P. 0284310 1988; Chem. Abs. 110 153916 t 1989
[24] Chiche, B., et al., J. Mol. Catal. 1987 42, pp. 229-235
[25] Jentzsch, W., Angew. Chem. Int. Ed. Engl. 1990 29(11), p. 1228
[26] Keijsper, J., Arnoldy, P., Doyle, M. J., Drent, E., Recl. Trav. Chim. Pays. Bas 1996, pp. 248-255
[27] Bruggink, A., Roos, E. G., de Vroom, E., Org. Proc. Res, Dev. 1998 2, p. 128
[28] Kiener, A., CHEMTECH. 1995 Sep. pp. 31-35
[29] Affholter, J., Chem. Brit. 1999 Apr. pp. 48-51.
[30] 方宗熙.遗传工程.北京:科学出版社,1984:37~38
[31] 李光兴等,湖北化工,1995 12(1):6;2002 19(5):22
[32] 李光兴,现代化工,1993(11):11
[33] Romans, U., Rivetei, F., Dr. Magis, N., U. S. P. 1318863, 1979; Chem. Abs, 1981 95 80(4)n
[34] Haggin, J., C&EN. 1987 Sept. 28 p. 26
[35] Tundo, P., Pure Appl. Chem. 2001 73(7) p. 1117
[36] Tundo, P; selva, M., CHEMTECH. 1995 May. p. 31

第五章　绿色溶剂

精细化工生产中的一个大问题就是有机溶剂的使用，严格的环境立法要求少用或不用现有的有机溶剂如氯烃类。为了不污染环境，也不至于在最终产品（如药物）中混入痕量溶剂（如 CH_2Cl_2）。

5.1　水

水是最好的溶剂，它具有无毒、不燃、价廉而且来源丰富等特点。

因为水与多数有机溶剂不互溶，要求最好在液/液（水）两相中，相转移催化剂作用下进行反应（参见第六章）。另外可采用的方法是用水溶性的过渡金属络合物在水相中起催化作用。这种在两相间反应的金属有机催化剂，其优点是催化剂在水相中易于回收再用。因此使均相催化剂多相化（Heterogenization）是在传统方法中的一项引人入胜的革新，克服其易失去活性与选择性的缺点[1]。固相化的方法是将水溶性金属有机络合物在稀溶液中涂膜于表面高度亲水载体如硅胶（Silica）或可控表面多孔玻璃（Controlled pore glasses）上[2]，得到的催化剂放在含反应物的水不相溶的液相中，反应在水与有机溶剂界面上进行，催化剂经过简单的过滤就可回收[3]。

这种两相金属有机催化反应在工业上成功应用的一个例子是 Ruhrchemie-Rhône poulenc 法使丙烯羰基化生成正丁醛。

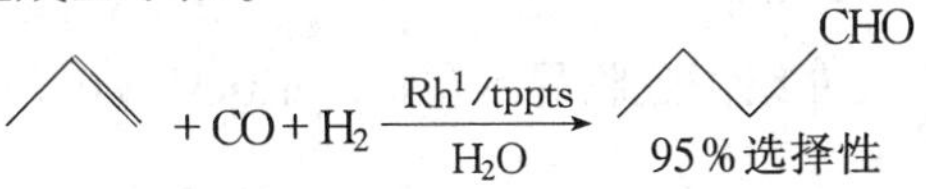

采用水溶性的三磺酸三苯膦的铑络合物（Rhodium（I）complex of trisulfonoted triphenylphosphine，简称 tppts）为催化剂[4]。

此概念可推广到许多过渡金属催化反应中去，例如不饱和醛的化学选择性氢化反应。

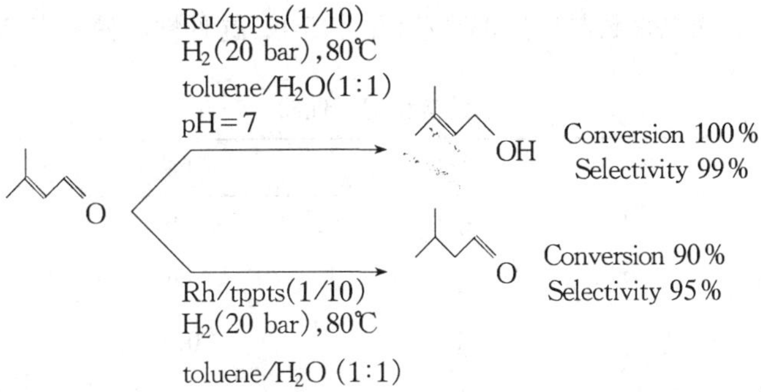

图 5-1　不饱和醛的化学选择性氢化反应

Fig. 5-1　Chemoselective hydrogenation of an unsaturated aldehyde.

Sheldon 等发现水溶性的钯(0)络合物 Pd(tppts)在酸性的水介质中使苄基醇类选择性地催化羰基化[6](selective carbonylation)。他们用这个方法使 1-(4-特丁基苯基)乙醇催化羰基化合成了布洛芬[6](Ibuprofen)。

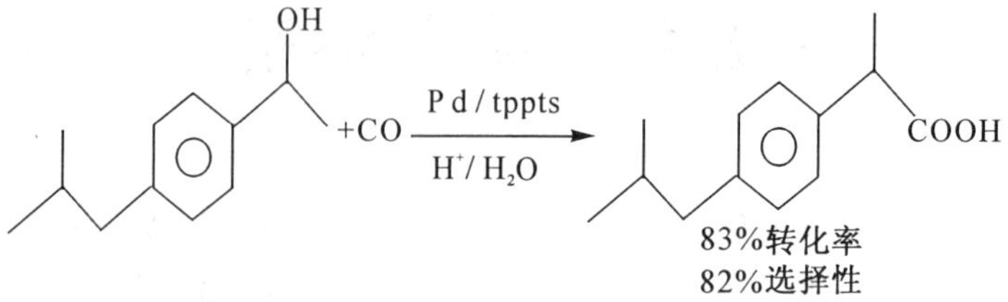

如上所述,SAPs(Supported aqueous phase)很容易采用水溶性配体使其应用于对映选择性(Enantioselective)催化反应,例如 SAP-Ru-BINAP $(SO_3Na)_4$ 可使 S-Naproxen 前体发生对映选择性氧化反应(70% ee.)[7]。有趣的是当催化剂有一层乙二醇薄膜,以氯仿/环已烷为有机相时,选择性催化活性大为提高[8](96% ee.),见下式。

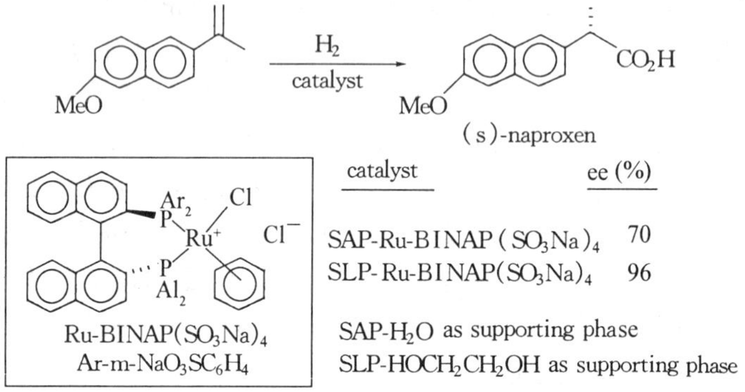

Ecker C. A. 等,最近著文介绍了近临界水(Near critical water)可以作为一种杰出完美的无害溶剂用于有机合成[9]。

近临界水与常态及超临界水的性质大不相同,超临界水用于废弃物的脱毒已有 20 多年了,在 400～500℃/200～400bar,它与氧和典型的环境毒物相混合,主要发生自由基反应,使毒物变成小分子如 CO_2, H_2O, HCl 等。

与此不同,近临界水则显示出很好的合成分子的用途,而不是破坏它们,它比超临界水的温度、压力都低些。而介电常数与密度都高些(见表 5-1),这种性质使其有利于化学合成。

表 5-1　　水的典型溶剂性能

	常态	近临界	超临界
温度(℃)	25	275	400
压力 bar	1	60	200
密度 g/cm^3	1	0.7	0.1
介电常数	80	20	2

Tab. 5-1　Typical solvent properties of water

与常态水一样，近临界水也能够水合离子，但它也能溶解非极性的有机化合物。North Carolina, Duham, Duke 大学的 Edward Amett 与同事以及 Exxon[10]认为近临界水的性质与常温下丙酮相似，极性有机化合物完全可溶于近临界水中，甚至烃类也很大程度地溶于其中[11]。n-己烷在 350℃ 时比 25℃ 时在水中的溶解度大 5 倍，而甲苯在 308℃ 时全溶于水[11~13]，这种特性使近临界水成为有机反应的好溶剂。

近临界水的另一个特征是强化电离为 H^+ 与 OH^-，这有利于酸碱催化的反应，从 25℃ 到 250℃ 离解常数增加了三倍[14]。由于近临界水能提供更多的 H^+ 与 OH^- 离子，可以催化化学反应，免除了外加的酸和碱，它们在许多工艺过程中都要中和后弃去[15]。因此在传统的酸碱催化反应中，近临界水可以同时作为溶剂、催化剂与反应剂[10]。

例如苯酚或甲酚与醇在有催化剂(典型的是 $AlCl_3$)作用下起 F&C 反应，生成有立体位阻的酚类，此反应在临界水中无需加入催化剂，也能起作用[16]。

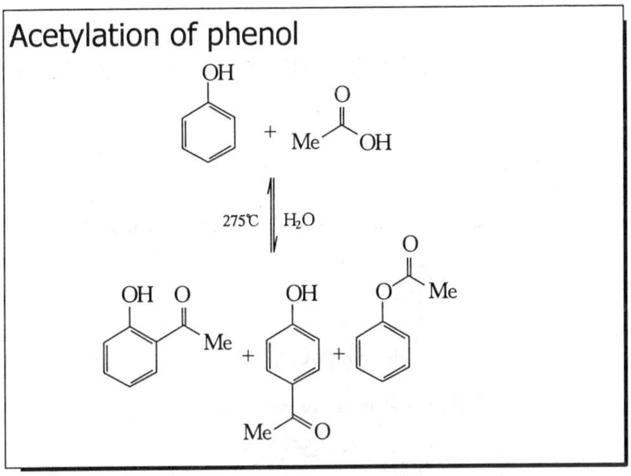

苯乙醛的羟醛缩合反应(Aldol condansation)不加任何催化剂，用控制反应时间，一般低于 1 小时就能够高选择性地得到初步产物[17],[18]，延长反应时间就可得到继续缩合的闭环产物。

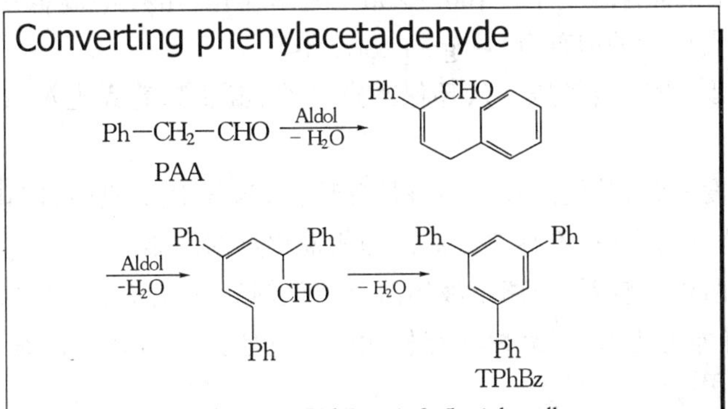

PAA = phenylacetaldehyde; TPhBz = 1,3,5-triphenylbenzene

近临界水最有希望的工业应用是作为溶剂，来合成小批量、高附加值的产品如医药与食品添加剂，其产品中不混杂有毒的有机溶剂。

近临界水的工业化应用尚需克服一些困难，如耐压耐腐蚀容器；水也要纯化、去离子化以减少腐蚀性和生成水垢；此外在相平衡、反应动力学、分析监控等基础工作也要相应跟上，总之这是一种有前景的绿色工艺。

5.2 离子液体[19~22](Ionic liquid)

迄今为止，我们所知道的大多数化学反应都是在分子溶剂(Molecular Solvents)中进行的。清洁工艺的最新进展之一就是在有机合成中采用离子液体(Ionic liquid)作溶剂。

离子液体是由离子片断(Ionic species)组成，即由大的阳离子与阴离子组成，例如：

Room-temperature ionic liquids contain organic cations

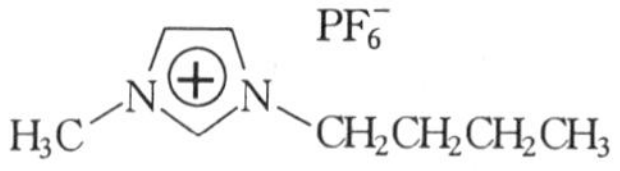

1-Butyl-3-methylimidazolium hexafluorophosphate

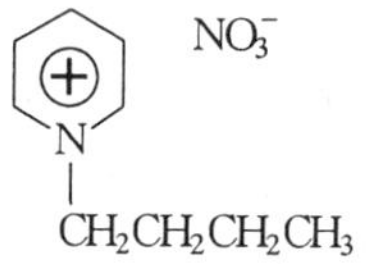

1-Butylpyridinium nitrate

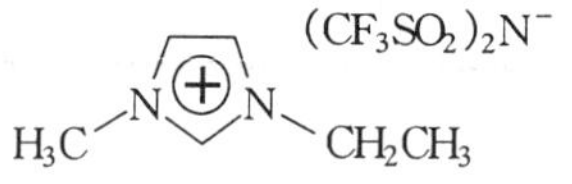

1-Ethyl-3-methylimidazolium bis(trifluoromethanesulfonyl)imide

它们在常温下呈液态，具有以下特点：

1. 熔点低，作为溶剂能适应于 −100～200℃之间操作，熔点的高低由组成的离子来调节，因此又可称为“设计者的溶剂”(Designer solvents)。

2. 蒸气压等于零，没有蒸气压。从环保观点来看，就意味着无泄漏(emissions)，不逸散(fugitive)。

3. 从催化的角度来看，其优点在于溶解性独特，如 N-取代反应中，催化剂溶解而产品不溶，因此可以自动地分出产品，不存在分离出均相催化剂的困难。

4. 不燃烧。在两相反应器中，离子液体溶解催化剂处于下层，反应试剂溶于有机试剂中处在上层，反应在界面上进行，产品留在有机相中。反应完毕后蒸去溶剂得到产品，此法所需的有机溶剂极少[23]。

一般制药工业采用的均相络合催化剂不十分稳定，难于回收，不可避免地有损失，因此价格昂贵。由于离子液体是粘稠性的，它不适用于多相催化反应——反应剂与产品不能

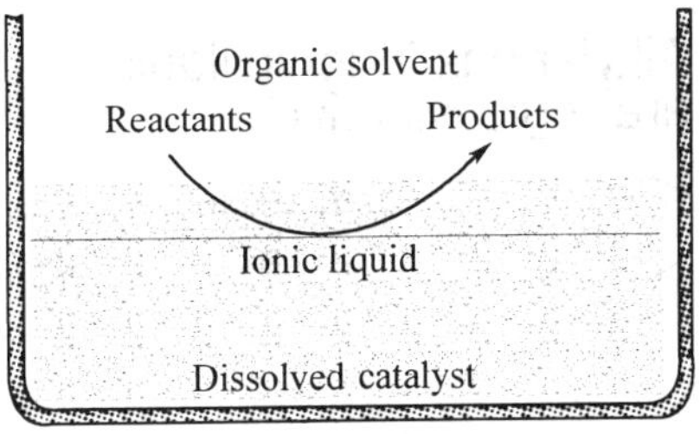

够很快地、充分地渗到液体中。因此，将离子液体制成薄膜涂在分子筛上，此涂膜能够使均相催化剂溶于其中，而反应剂与产物不溶解，就形成了一个多孔的反转体系，反应在膜与溶剂的结合处发生，实际上均相反应成了多相反应，不会失去活性也不会改变反应机理。

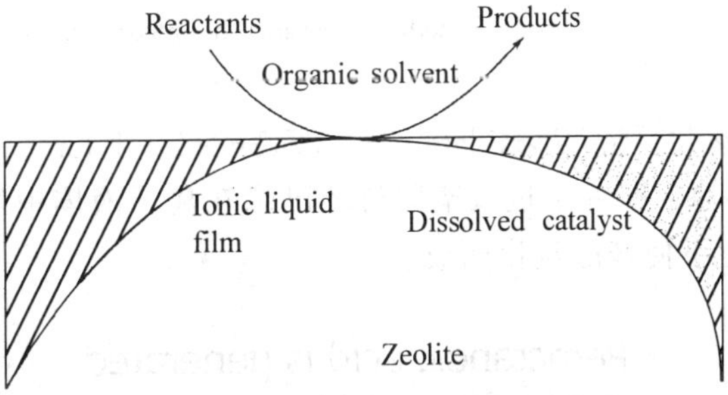

由于离子液体有许多优点，引起学术界与企业界的高度重视[24](C&EN. 2000 May 15, pp. 37-50)，开展了广泛地研究，在经典的有机合成反应中都得到了应用，甚至在酶催化反应中也取得了效果[20]。因此有取代传统工业合成中挥发性有机溶剂(Volatile organic compounds，简称 VOCs)的趋势，以下简单举例说明：

Ex. 5-1　合成 Traseolide[25](Chem. Common. 1998, p. 2097)

这是常温下的 F&C 酰化反应，产品收率 99%，为单一的异构体。

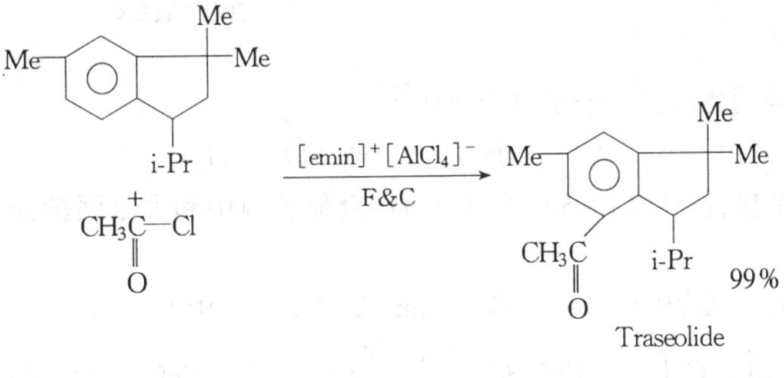

Ex. 5-2　烃基化反应[26](C&EN 1999 Jan. 4, p. 23; Chem. Common. 1998, p. 2245)

这是室温下进行的位置选择性(regioselective)烃基化反应，过去在有机溶剂中进行，缺点是不易将有毒有害的溶剂与产品分开来。

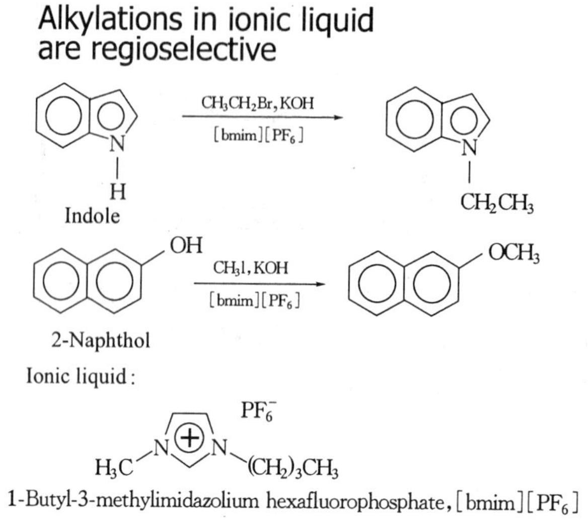

Ex. 5-3　环氧化反应(Epoxidation)[20](C&EN 2001 Jan. 1, p. 22)

Sheldon 及同事们研究了过氧辛酸与环己烯在离子液体中发生环氧化反应。过氧辛酸是 H_2O_2 在酶催化下使辛酸氧化而成。

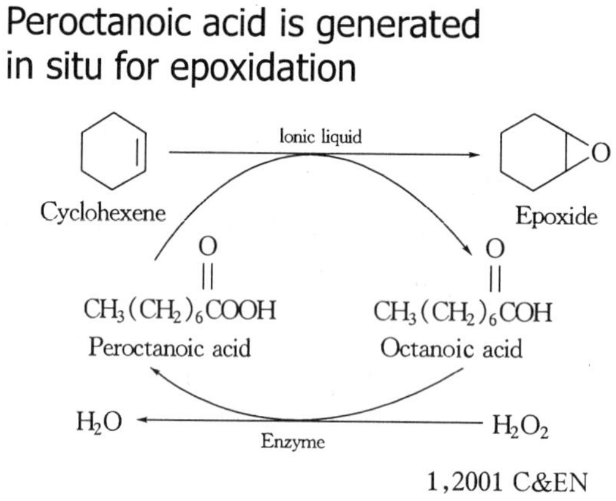

Ex. 5-4　芳烃硝化反应——亲电子取代[27]

$$\text{Arh} + NO_2^+ \longrightarrow \text{ArNO}_2 + H^+$$

优点是促进反应，易于从溶剂中分出产品，避免了因中和大量强酸而产生副(废)产物等。

Ex. 5-5　Wittig 反应[28](Chem. Commun, 2000, p. 2195)

$$Ph_3P=CH-y+PhCHO \xrightarrow{\text{离子液体}} Ph-CH=CH-y+Ph_3PO$$

a: y = COMe;　b: y = CO_2Me;　c: y = CN

Ex. 5-6　酶催化合成 Z-Aspartame[20]

2000 年 Univ. of Pittsburgh 的研究者报道了首例室温下、离子液体中酶法合成 Z-Aspartame，反应如下：

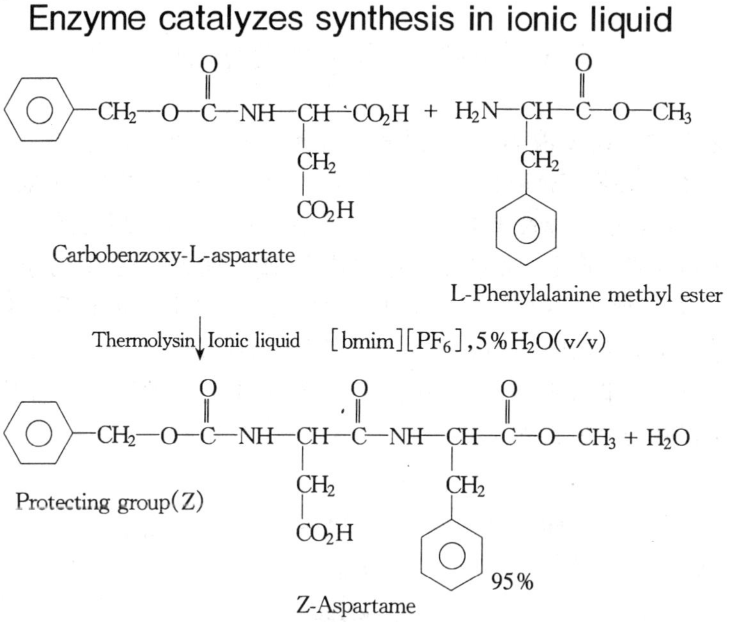

(C&EN. 2001 Jan. 1, p. 21)

Ex. 5-7 合成 S-Naproxen[29]

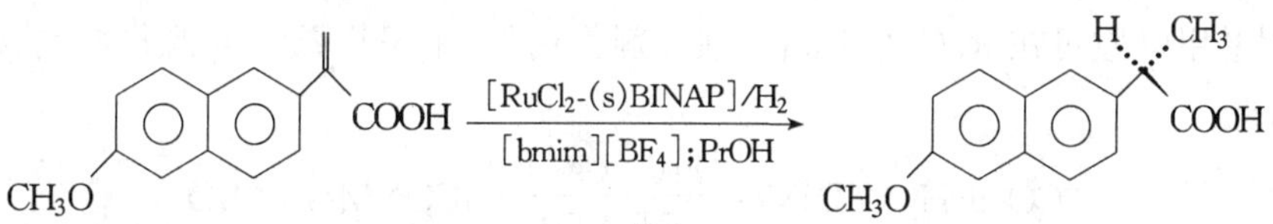

Ex. 5-8 Pravadoline 全合成[30]

Pravadoline 的合成是在离子液体中合成药物的范例，它包括 F&C 反应、与亲核取代反应。

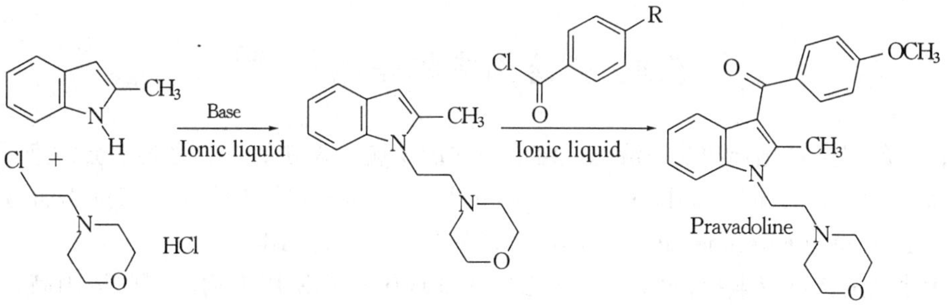

离子液体以其优异的溶解性能以及无毒、无烟、稳定、价廉易制备等特点给化学带来了革命性的变化，为绿色工业铺平了道路。

北爱尔兰皇后大学(Queen University)离子液体实验室的首席科学家 Seddon, N. 对离子液体给予了很高的评价，他认为给绿色化学增添了新的内容，有机化学教科书将为此而改写。它们有完全不同的热力学与动力学,因此会出现不同的新成果[19]。

总之,离子液体是绿色化学中的一个崭新的领域,有广阔的前景。

5.3 超临界 CO_2 作为溶剂[31~36]

当二氧化碳被压缩成液体,或超过其临界点(Tc = 304.2K, Pc = 7.39mPa, Pc = 0.468 g/ml)成为超临界流体时,它具有许多优良性能,无毒、不可燃、价廉,而且可以使许多反应的速度加快和(或)选择性增加,因此可以成为一种优秀的绿色化学溶剂。

二氧化碳超临界萃取是精细化工中应用较广、成效很大的技术,对于天然产物(植物资源)尤其是中草药有效成分的提取、分离可以发挥很大的作用。我国科学家在茶叶、银杏叶有效成分的萃取中采用超临界 CO_2 方法取得了显著的成果。

Burk 小组报道了以超临界 CO_2 为溶剂,提高了催化不对称氢化的对映选择性(ee = 95%),这是个很好的绿色合成例子。

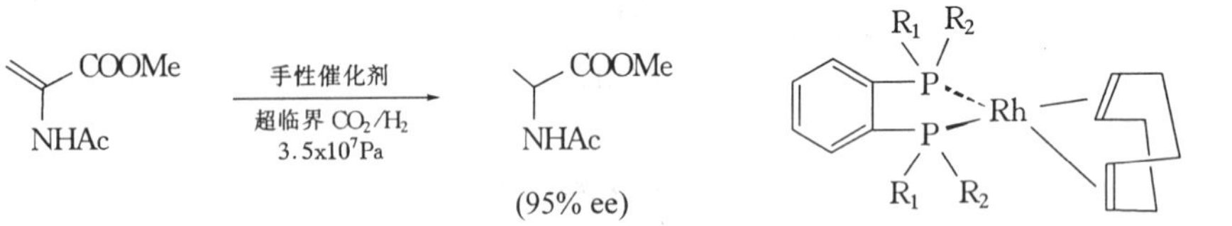

R.Noyori 及其合作者在探寻对环境友好的合成化学时,报道了一个新的合成实例:即 N,N-二甲基甲酰胺可在 $RuCl_2(PMe_3)_4$ 催化剂作用下,用超临界 CO_2 既作溶剂又作反应试剂合成制得:

$$CO_2 + H_2 + HNMe_2 \xrightarrow[\text{超临界 } CO_2]{RuCl_2(PMe_3)_4} HCONMe_2 + H_2O$$

该反应原子利用率为 $\frac{73}{73+18} \times 100\% = 80.2\%$,除目标产物外,只有水生成,因而是环境友好合成。而且催化效果比以前所得结果高两个数量级。(曾琦摘自 JACS. 1994 1168851,化学通讯. 1995 (3):7)

5.4 无溶剂有机合成[37~39]

传统的观点是化合物要在液态或溶液中才起反应。现在的看法是溶剂会污染环境并污染产品。Dupont 公司的 Carberry 说:"最好的溶剂就是根本不用溶剂"(The best solvent is no solvent at all)(Kirschner, E. M. , C&EN. 1994 June 20, p. 18)。

无溶剂是指反应本身,而不论反应之后的处理中是否使用溶剂。因此运用高分子试剂的固相合成(Solid synthesis)不属此范围内。

早在 19 世纪就已了解到无溶剂反应,芳香磺酸与碱相溶制造醇类就是典型例子,到 20 世纪 70 年代后无溶剂合成又重新受到重视,直到微波炉、超声波反应器出现之后,无溶剂反应才更容易实现。

参 考 文 献

[1] Sheldon, R. A. ,Pure Appl. Chem. 2000 72(7) ,pp. 1240-1241

[2] Davis, M. E. ,CHEMTECH. 1992,pp. 498-502

[3] Sheldon, R. A. ,J. Mol. Cat. A:Chemical. 1996 107,p. 82

[4] Cornils, B. , Wiebus, E. ,Recl. Trav. Chim. Pays-Bas. 1996 115,p. 211

[5] a. Grosselin, T. M. , Mercier, C. , Allmany, G. , et al. ,Organometallics. 1991 10, p. 2126

b. Grosselin, Z. M. , Merciec, C. , J. Mol. Catal. 1990 A63 L25

[6] Papadogianakis, G. , Maat, L. , Sheldon, R. A. , J. Chem. Technol. Biotechnol. 1997 70,p. 93

[7] Wan, K, T. , Davis, M. E. , J. Catal. 1994 1148,pp. 1-8

[8] Wan, K. J. , Davis, M. E. , Nature. 1994 370,pp. 449-450

[9] Eckert, C. A. , et al. , Chem. & Ind. 2000 Feb. 7,pp. 94-97

[10] Kuhlmann, B. , Amett, E. , Sisken, M. ,J . Org, Chem. 1994,pp. 3098-3101

[11] Connoily, J. F. , J. Chem. Eng. Data. 1966 11,pp. 13-16

[12] Anderson, F. E. , Prausnitz, J. M. , Fluid Phase Equilibria. 1986 32,pp. 63-76

[13] Chandler, K. , Eason, B. , Liotta, C. L. , et al. ,Ind. Eng. Chem. Res. 1998 37, pp. 3515-3518

[14] Marshall, W. L. , Franck, E. U. , J. Phys. Chem. Ref. Data. 1981 10,pp. 295-304

[15] Katrizky, A. R. , Allin, S. M. , Acc. Chem. Res. 1996 29,pp. 399-406

[16] Chandler, K. , Deng, F. , Dillow, A. K. et al. , Ind. Eng. Chem. Res. 1997 36, pp. 5175-5179

[17] Glaeser, R. , Brown, J. S. , Eckert, C. A. , et al. , ACS Preprints-Div. Fuel Chem. 1999 44,pp. 385-388

[18] Katritzky, A. , Lapucha. , A. R. , Sisken, M. , Energy & Fuels. 1990 4,pp. 514-517

[19] Butler. R. , Chem. & Ind. 2001 Sept. 3 p. 532

[20] Freemantle, M. , C & EN. 2001 Jan. pp. 21-25

[21] Earle, M. J. , Seddon, K. R. ,Pure Appl. Chem. 2000 72(7) ,pp. 1391-1398

[22] Welton, T. ,Chem. Rev. 1999 99,pp. 2071-2083

[23] Nathan, S. ,Manufacturing. Chemist. 1998 May. pp. 24-26

[24] Freemantle, M. ,C & EN. 2000 May 15,p. 37

[25] Christopher J. Admas, et al. ,Chem. Commun. 1998,p. 2097

[26] Martly J. Earle, et al. ,Chem. Commun. 1998,p. 2245

[27] 同 Ref. [20], p. 23

[28] Virginie le Boulaire & Rene Gree. ,Chem. Commun. 2000,p. 2195

[29] Monteirok, A. L., Zinn, F. K., de Souza, R. F., et al., Tetrahedron Asymmetry. 1997. 8 pp. 177-179
[30] Earle, M. J., McCormae, P. B., Seddon, K. R., Green Chem. In pres.
[31] Howdel., S., Chem Brit. 2000 Aug. p. 23
[32] Clifford, T., Bartle, K., Chem, & Ind. 1996 June 17. pp. 449～452
[33] 董新法,李再资,林维明,现代化工,1997(11):10-13
[34] 赵建夫,科学,1997 49(3):35～37
[35] Kaupp, G., Angew Chem. Int Ed. Engl. 1994 33(14), pp. 1452-1455
[36] 王少芬,魏建谟,应用化学,2001 18(2):87～91
[37] Dittmer D. C., Chem & Ind. 1997(11), pp. 10-13
[38] 钟建华,段聂晶,陈红等,化学试剂,1995 17(5):274～278
[39] 黄昆,嵇学林,刘华,化学世界,1994(2):57～61

第六章　提高有机合成效率的有关技术

6.1 概　　述

衡量一个有机合成工艺是否成功的基本原则是:以最廉价的原料、最短的路线、最高的收率、最安全的生产环境来合成目标分子[1],完全达到这些条件的可称为理想的有机合成[2](见图 6-1)。

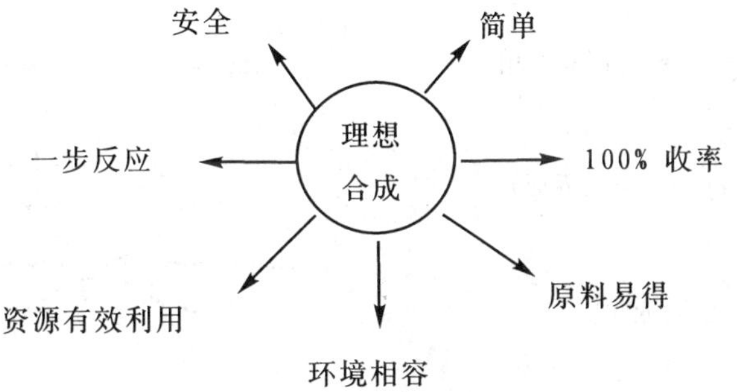

图 6-1　理想合成

Fig. 6-1　Ideal synthesis

从化学反应的本质上来分析,可得出以下认识:化学反应要遵循质量作用定律(Mass action law),分子必须活化,要进行有效地碰撞。

有机反应少不了使用无机试剂,有机化合物基本上是共价结构,属脂溶性,无机化合物基本上是离子结构,属水溶性。脂水不相容,难以反应,因此人们一直设法改进,使其水乳交融,促进反应,例如强化搅拌,加入溶剂、乳化剂、相转移催化剂等[3]。

有机反应的特点是有典型反应与副反应。人们想方设法促使水乳交融,就是要提高主反应,抑制副反应,加强选择性,提高收率。绿色合成的核心就是要增加选择性,提高收率。ICI 公司的 Sukling 说过一句妙语:"从原料制成废品就是污染"(Pollution is raw metrial gone to waste)[4],真是抓住了问题的实质。

除了本书前述各章所讨论的内容之外,多年来,围绕着提高有机合成的收率,发展了一些新的理论与技术,其中有些内容在《有机化学》与《有机合成化学》等课程中已有详细介绍,在此仅从绿色化学的观点出发,作一个简单的概述。

6.2 相转移催化反应

相转移催化反应(Phase Transfer Catalysis,简称 PTC)是 20 世纪 70 年代发展起来的新合成技术,它具有反应速度快、条件温和、节能、产品收率高、纯度高等优点,在理论与工业应用上都有很重要的意义。

6.2.1 相转移催化反应机理及工业流程

1. Starks 循环(以季铵盐类为 PTC 的液-液反应)[5][6]:

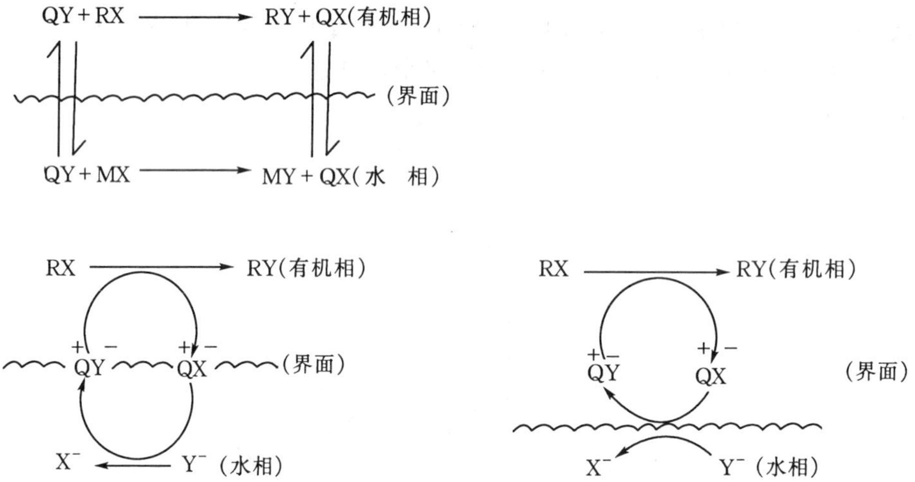

2. 以冠醚为 PTC 的液-固反应:

MX(固) + 冠醚(溶液)⟶冠醚·MX(溶液)

冠醚·MX + RY ⟶ RX + 冠醚·MY

冠醚·MY(溶液)⟶冠醚(溶液) + MY(固体)

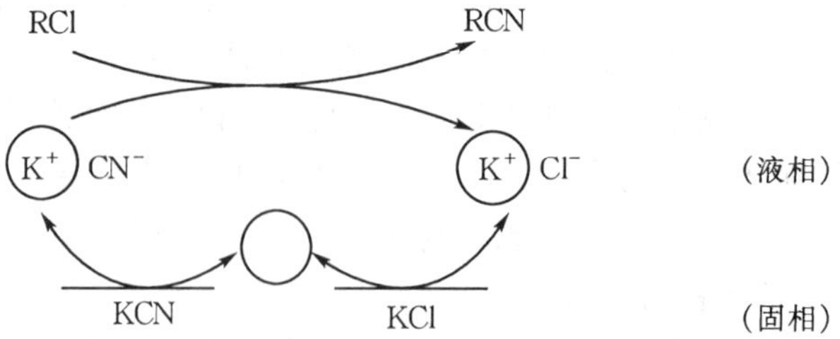

3. PTC—流程图(工业操作)[7]:

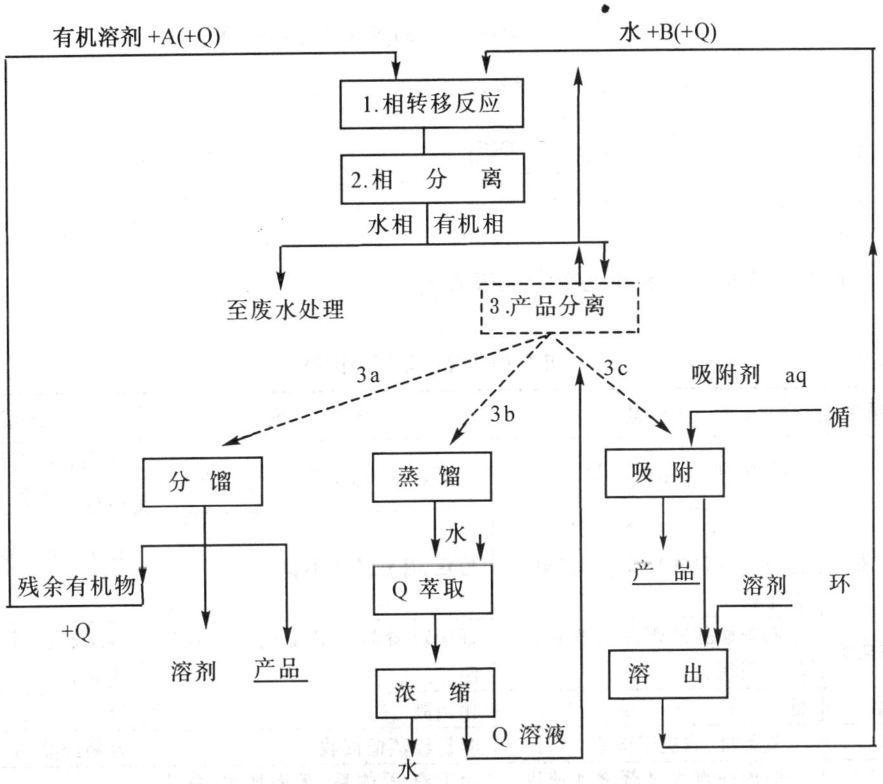

Quat.(季铵盐)回收的不同途径:

3a. 可蒸馏产品。

3b. 固体产物与水溶性 Quat.。

3c. 不可蒸馏的产品与亲脂性 Quat.。

(B. Zaldman et al., Ind Eng. Chem. Prod. Res. Dev. 1985, 24(3), pp. 391)

6.2.2 相转移催化剂

催化剂类型:有盐(季铵、季钟、季鏻盐);冠醚;开链聚醚等。工业上常用的催化剂见下表[5]。

表 6-1　　**相转移催化剂**

结构式	代　号	名　称
$n\text{-}Bu_4N^+HSO_4^-$	TBAB	四丁基硫酸氢铵,Bradstrom 催化剂
$BzN^+Et_3Cl^-$	BETAC TEBAC	苄基三乙基氯化铵,Makdstrom 催化剂
$R_3N^+CH_3Cl^-$	MATC TCMAC	Aliquat-336,starks 催化剂
$BzN^+C_{16}H_{33}\text{-}(CH_2CH_2OH)_2Br^-$		Katamin AB
$R(OCH_2CH_2)_nOH$	FEG-600	开链聚醚

新近研究出来的具有工业应用前景的催化剂还有以下几种[8]:

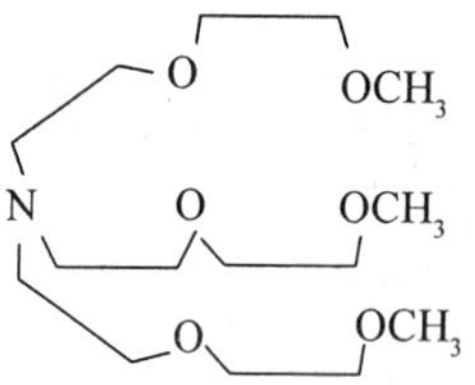

TDA-1

$Bu_3N^+(CH_2)_{10}N^+Bu_3 \cdot X_2^-$

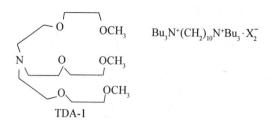

几种相转移催化剂的比较[5]见表 6-2。

表 6-2　　几种相转移催化剂的比较

比较项目	季铵盐	冠醚、穴醚	开链聚醚
活性	一般较高，与结构有关	一般较高，与结构有关，穴>冠	不等，取决于结构、反应和条件
稳定性	在 150℃ 内一般稳定，$R_4P^+ > R_4N^+$，对强酸稳定，在强碱中都不稳定	稳定，在强酸中不稳定	稳定，在强酸中不稳定
制备与来源	不同季铵盐的来源与制备，难易差别很大	某些冠醚容易制备或有工业来源	容易制备，许多有工业来源
价格	低	相当高	低
回收	一般不难，取决于体系	容易经蒸馏回收	容易经蒸馏回收
水分影响	一般加一点水显著增加速度，要求无水时可用乙腈	用于液-固体系，无需加水，加水可能阻碍某些反应	无需加水
无机阳离子	不重要	K^+ 比别的都好，随催化剂而异	Na^+、K^+、Ba^{++} 较好
其他	在催化剂中容易结合手征性与其他功能基某些季铵盐趋向于得到乳化液	不乳化	某些可能得到乳化液

Tab. 6-2　Comparison of some PTC

6.2.3　相转移催化剂在有机精细化工生产中的应用[9][10]

PTC 在有机合成中的应用愈来愈广，几乎涉及各种重要的有机反应(图 6-2)。

6.2.4　在化学工业中应用 PTC 所显示出的优点

1. 减少有机溶剂用量。
2. 用普通的试剂如 NaOH、KOH、Na_2CO_3 等来替代昂贵、有毒害的 NaH、$NaNH_2$、t-BuOH、R_2NLi 等试剂。
3. 具有高度的反应活性与选择性。
4. 产品的收率高、纯度高。
5. 操作简便。
6. 投资少。
7. 低能耗。

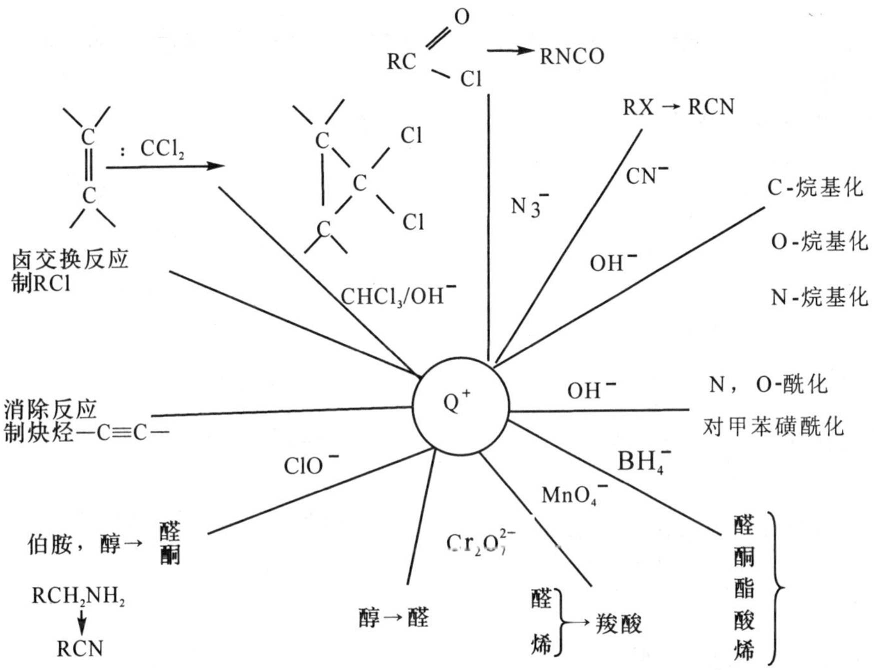

图 6-2 PTC 在有机合成反应中的应用

Fig. 6-2 PTC in organic synthesis

8. 可连续化。

9. 反应产生的副(废)产物少。

从以上所列举的优点可以看出 PTC 是一种绿色技术(Green technology)[11]。

6.3 手性技术(Chirotechnology)

6.3.1 概述

手征(Chiral)、手征性(Chirality),来自希腊文“手”(Chair)。简言之,就是如同双手——只可能对映,不能重叠,手性化合物都具有旋光性[12][13],见图 6-3。

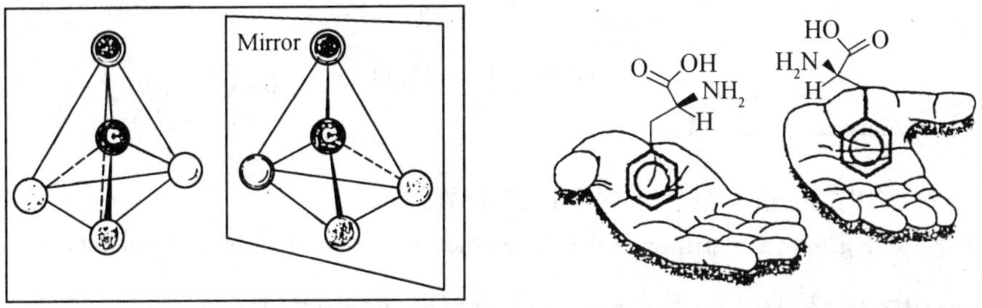

New Scientist 21 April 1990　　CHEMTECH december 1999 Dec.17

图 6-3 手征性

Fig. 6-3 Chirality

W. Gill 说:“一个化合物的药理性质,不仅依赖于分子各组成原子及基团的特性,而且也决定于它们在空间的排列。”[14]

光学活性不同带来强烈的生理活性差异[15],见图 6-4。

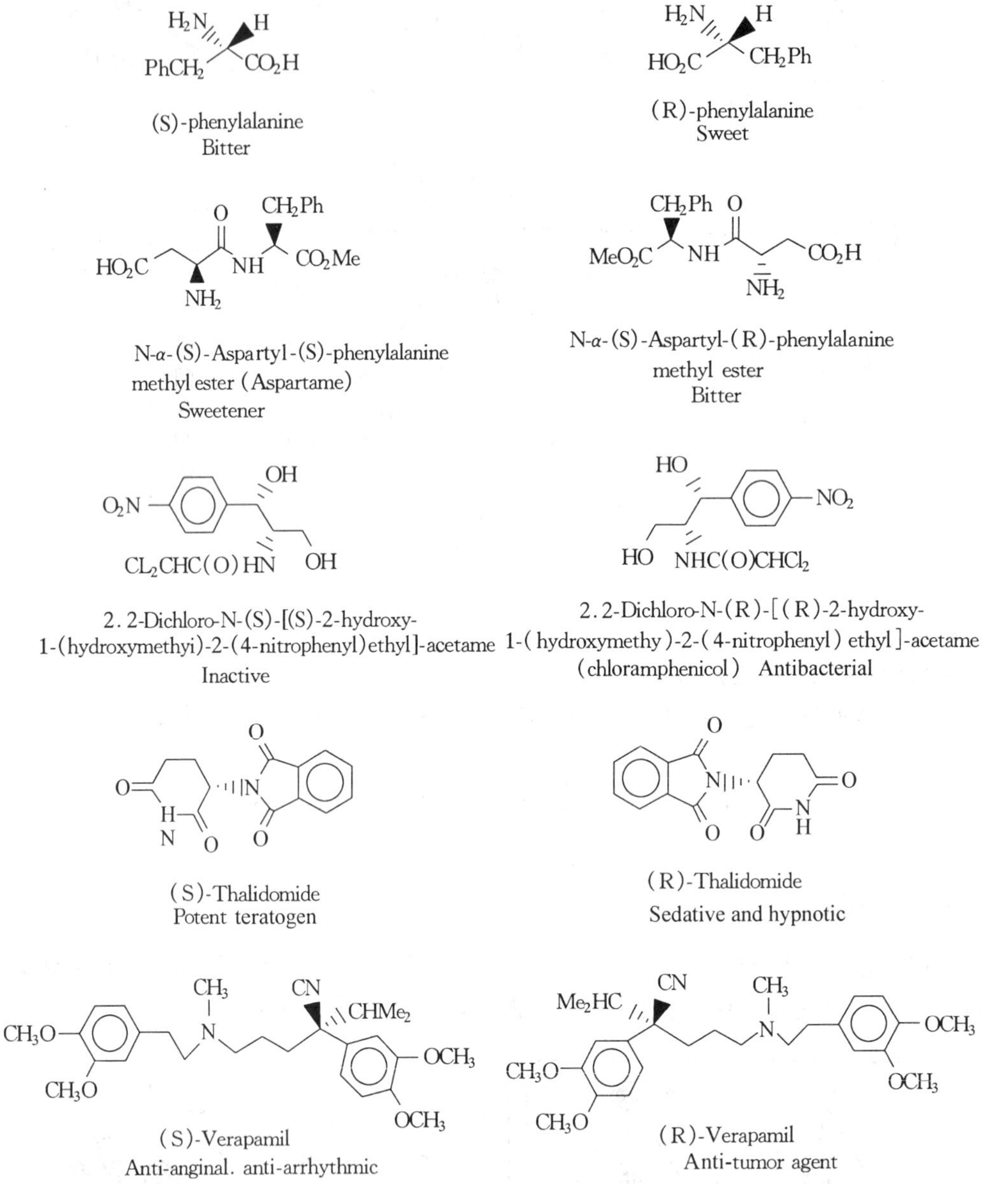

图 6-4 选择性光学异构体生物活性的比较

Fig. 6-4 Comparison of the physlological properties of selected optical isomers

突出的例子是 20 世纪 60 年代初在欧洲出现的药物反应停(Thalidomide)事件,造成千百个严重畸形儿出生,轰动了世界,现已绝对禁止使用。后来研究表明,S-(-)-1-N-邻苯二甲酸谷氨酰胺有强致畸作用而 R(+)异构体即使剂量达 100mg/kg 对小鼠也无致畸作用。

从上述情况可见研究光学活性物质的制造与性质对于有机合成化学、生命科学、药理学、农药化学、药物化学、天然有机化合物化学等学科的发展有极其深远的意义。由于使用了手性化合物(超高效、低用量),有效地减少了环境污染,取得了环保的社会效益以及巨大的经济效益。因此,手性药物发展极快[17][18](图 6-6),在理论与应用上都取得了重大成果,2001 年度诺贝尔化学奖授予了三位杰出的科学家,他们分别是美国孟山都(Monsants)公司的 William S. Knowles 博士,日本名古屋大学的野依良治(Ryoji Noyori)教授以及美国 Scripps 研究院的 Sharpless,B. K. 教授以表彰他们在不对称合成方面的卓越成就。

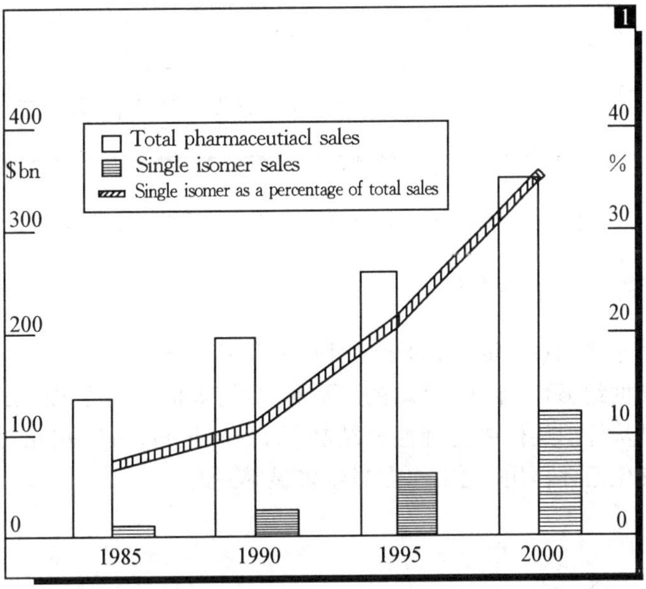

图 6-5 手性药物的销售额

Fig. 6-5 Total and single isomer pharamceutical sales, 1995 dollars (Chem, & Ind, 1996 May 30 p. 375)

6.3.2 手性技术发展概况

不对称合成现在亦称手性合成(Chiral synthesis),在手性条件下对原来无手性的或称为潜手性(prochiral)的反应物转变为所需要的对映体,这种不经过拆分而通过反应直接获得旋光性产物的反应称为不对称合成。这是一种效率高、经济而合理的合成方法,是有机合成发展的一个重要方面[19]。

S. Masamune[20]认为从 1944～1980 年的第一代不对称合成技术的特征是化学家们利用底物分子中的不对称因素去诱导新的不对称原子的构型。这一时期所完成的天然产物合成方法给人们以深刻的印象,然而每一个合成的路线都是漫长的,常常需要较长的时间和较多的精力,因为由底物去诱导每个新的构型要有许多步骤,他认为第二代不对称合成技术是运用手性辅助剂(Chiral auxiliaries),例如光学性的扁桃酸(亦称苦杏仁酸)加到试剂中去诱导生成所需的构型,这种方式也需要有附加步骤以从产物中除去手性辅助剂。而自 1987 年以后逐渐形成的第三代不对称合成技术,其特征是以试剂来控制,例如手性硼烷用于硼氢化反应,又如 Sharpless 不对称环氧化反应。

除了上述三代技术之外，他认为还有第四代技术，即用手性催化剂来控制不对称诱导，如不对称氧化法合成 L-多巴(L-Dopa)。

手性技术示意如下图(图 6-6)。

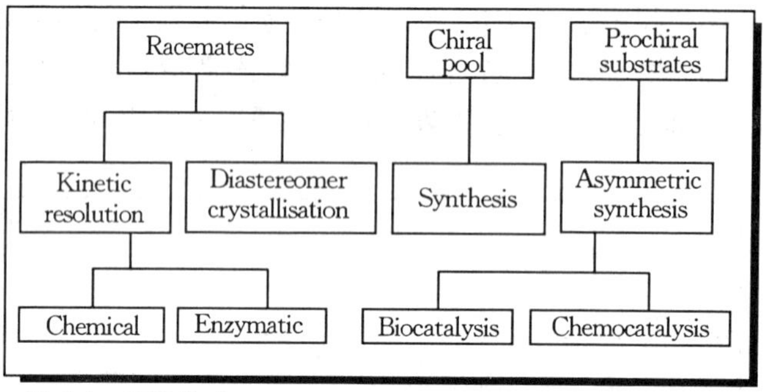

图 6-6　手性技术

Fig. 6-6　chirotechnology (Chem. & Ind. 1990 April p. 212)

6.3.3　重要的手性合成举例

Ex. 6-1　α-甲基多巴(α-Methyl Dopa, ALDOMET)

此工作是 20 世纪 60 年代中期做的，到 80 年代末仍奉为里程碑式的合成(landmark synthesis)，核心是从外消旋体中选择性地结晶(selectively crystallise)出 L-对映体，而无效的 D－对映体则消旋化循环再用，此工作在当年曾显赫一时。

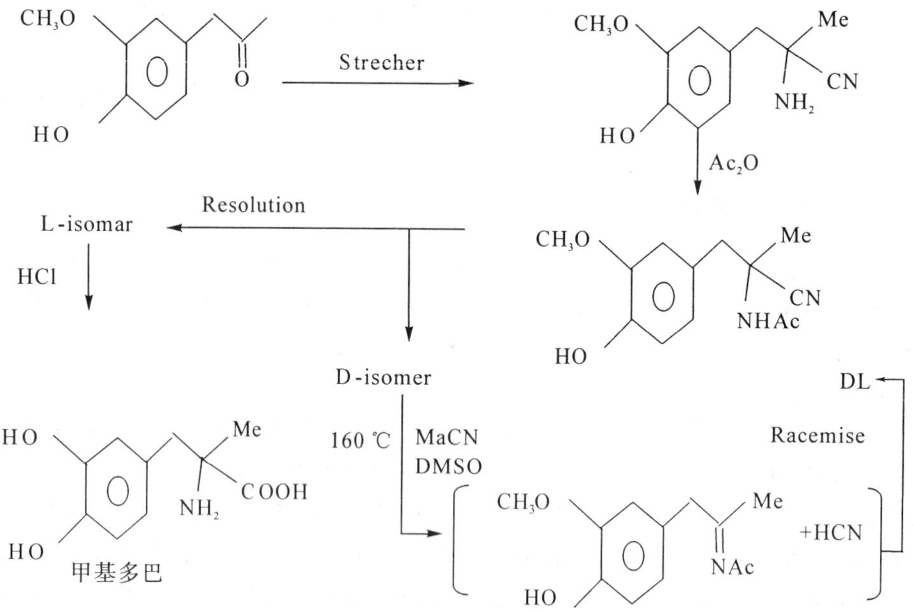

Ex. 6-2　多效唑(paclbutrazol pp. 333)[24]

这是英国帝国化学工业公司(ICI)1984 年开发出来的广谱性的植物生长调节剂，能使水稻减少倒伏，增加产量。

S. N. Black(ICI)用结晶化学法制备出多效唑对映体。

用结晶分离、消旋、立体有择还原三项技术组成一套生产线，制得(2S,3S)多效唑。

以上两例明显看出手性技术是一种绿色技术，因为产品是高纯度、高药效，无效对映体经过消旋可以再用。

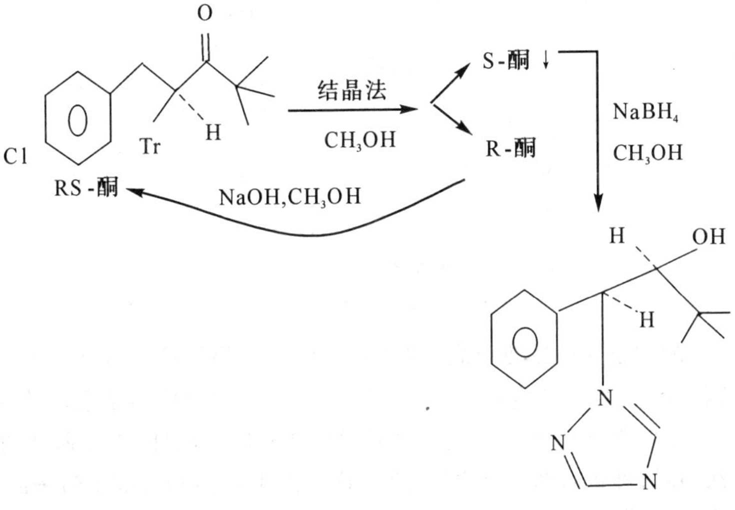

(2S,3S) 多效唑

Ex. 6-3 溴氰菊酯(Deltamethrin)

天然除虫菊素(Pyrethrins)的绝对构型不同的异构体中，只有1R,3R—反式—菊酯的杀虫活性最高。而人工合成的拟除虫菊酯绝对构型不同的异构体中是1R,3R,—顺式—菊酯的杀虫活性最高。其共同之处都是1R—构型化合物活性高，而1-S构型化合物几乎没有活性，以溴氰菊酯为例，八个异构体中只有二个有杀虫活性。(见表6-3)

表 6-3　　溴氰菊酯八个异构体的活性比较

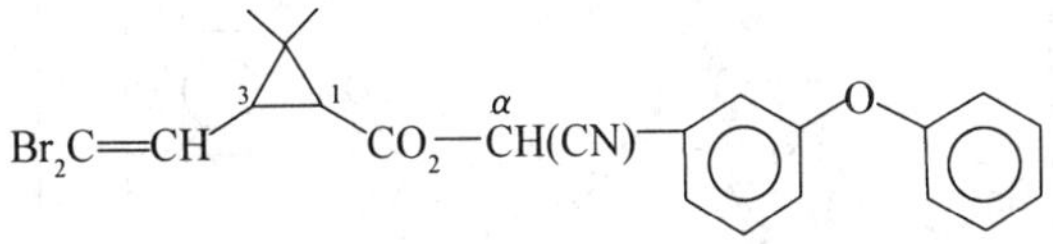

Cl configuration	C3 configuration	αC configuration	Insecticidal activity
R	R	R	O
R	S	R	O
R	R	S	√√√√√*
R	S	S	√√√√
S	R	R	O
S	S	R	O
S	R	S	O
S	S	S	O

*deltamethrin

Table 6-3　Deltamethrin: comparative activity of the eight stereoisomers

菊酯的合成一般是由相应的酸与醇经酯化反应而制得。二溴菊酸的合成方法如下：

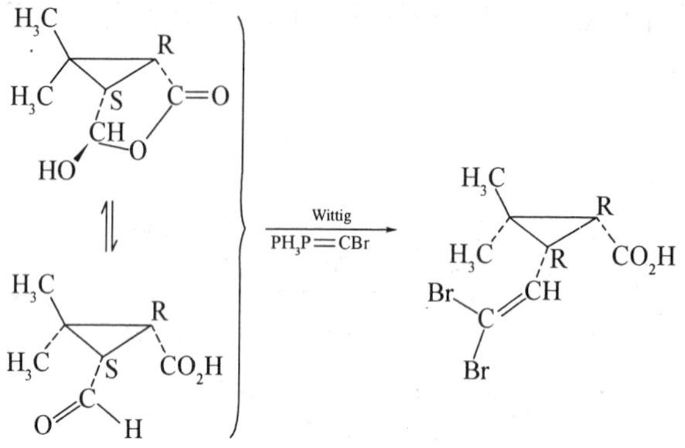

图 6-7　二溴菊酸的合成

Fig. 6-7　Deltamethrin: dibromo chain insertion

由于(S)—氰醇制备比较困难，而且用消旋氰醇也能得到所需要的产物，从而简化了整个合成过程。因为溴氰菊酯比其非对映异构体在适当的溶剂中溶解度较小，且能从溶剂中结晶出来，因此可用结晶分离法分开这一对非对映异构体。此外，由于氰基的影响更增加了苄位氢原子的活泼性，在碱性条件下容易消旋化。当溶解度较小的(S)—氰醇酯从溶液中结晶出来时，(R)氰醇酯富集于溶液中，在碱性条件下 R 和 S 氰醇酯因差向异构化而恢复平衡，随着 S—氰醇酯不断从溶液中移出，R—氰醇酯随着转化成为(S)氰醇脂，最后得到收率很高的结晶产品，反应式如下：

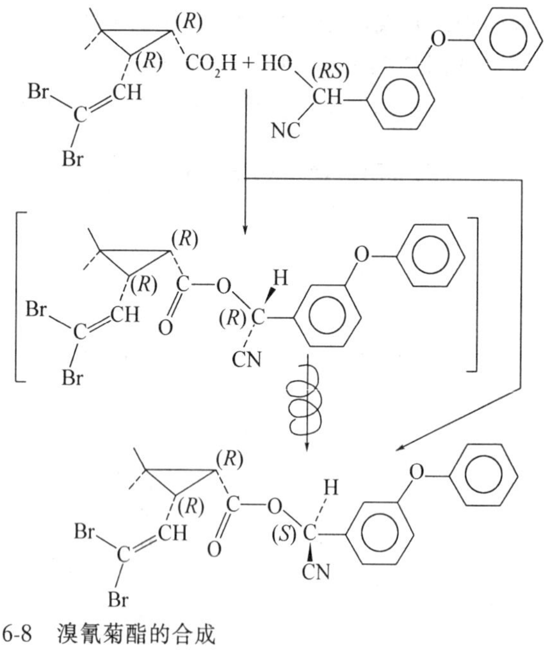

图 6-8　溴氰菊酯的合成

Fig. 6-8　Deltamethrin-route without resolution of the alcohol moiety

溴氰菊酯的工业化是农药生产的一大突破。Tessier, Jean. 在《Chem. & Ind.》1984 March p.199 上发表了关于其工业化合成路线探讨的文章，可供参考。

6.4 电(解)合成(Electrosynthesis)

电化学在化学工业中的应用已有很长的历史，其最大的优点就是以电子作为试剂，因此是环境友好而且是十分经济的。

氯碱工业就是食盐水电解制造氯气、烧碱、氢气以及盐酸；铝、铜也都是用电化学法生产的。电解合成在有机合成工业中也逐渐发展起来，包括仿生与立体选择的反应，能够在缓和条件下完成许多类型的有机反应，可以认为是绿色化学中的一个重要方法。

孟山都(Monsanto)公司的莱普生(Naproxen)工艺(见图 6-9)包括两个关键步骤：电羧基化(Electrocarboxylation)与不对称氢化(Asymmetric hydrogenation)。

此工艺最初是 John Wagenknecht 研究的，后经 Albert S. C. Chen(陈新滋)[5]等深入研究，发现 2-乙酰基-6-甲氧基萘在电解羧基化反应时产生大量副产物，其结构为片呐醇型二聚体(Pinacol-type dimer)。在有质子试剂(Protic agent)如水气存在下，此二聚体是明显增多。在以干燥的 N,N-二甲基甲酰胺(DMF)为溶剂、高浓度 CO_2 情况下，可以使副产物降到 3%。他们认为反应机理如图 6-9 所示，第一步酮电解羧基化时，电子转移到酮上生成阴离子游离基(Anionic radical)。由于库仑斥力(Coulombic repulsion)使这个游离基不能很快发生二聚，然而在有质子试剂如溶剂中的水气存在下，很容易发生质子化，生成中性的羟基游离子(Neutral hydroxyl radical)，从而生成二聚体副产物，在无水溶剂中电解则缓和了副反应。

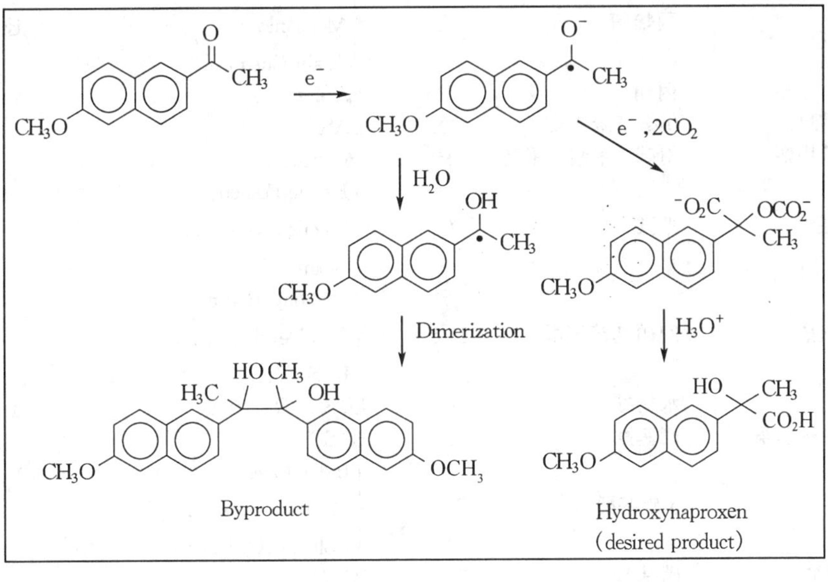

图 6-9 孟山都公司的莱普生合成工艺
Fig. 6-9 Monsanto's naproxen process

用高浓度 CO_2(提高 CO_2 压力，降低反应温度)，可加强阴离子游离基与它的反应，增加所需的的羧基化产物。2-芳基-2-羰化羧酸铝盐(Aluminum salt of 2-aryl-2-carbonatocarboxylate)水解可得到2-(6-甲氧基-2-萘基)乳酸(2-(6-methoxy-2-naphthyl)lactic acid),后者在酸催化下脱水得到莱普生的关键中间体2-(6-甲氧基-2-萘基)丙烯酸(2-(6-methoxy-2-naphthyl)acrylic acid)。

与发酵技术一样,电解合成也是一种老技术,在可持续发展方针指引下,老技术焕发了青春,重新得到重视,开发出许多工业用途(表6-4)。

表6-4　　有机电(解)合成

产　物	试　剂	规　模	开发者	工　艺
2-甲基-萘基乙酸酯	2-甲基萘	C	BASF	阴极取代反应
乙炔二羧酸	2-丁炔1,4二醇	P/C	BASF	
丙酸	炔丙醇	P/C	BASF	
2.5-二甲氧基二氢呋喃	呋喃	C	BASF	氧化加成
麦芽酚/乙基麦芽酚	呋喃醇	C	Stsuka	
蒽醌	蒽	C	Holiday	间接氧化
苯甲醛	甲苯	P/C	Technishe Hochschule, India	
1.4二氢萘	萘	P	Hoechst	
1.4二氢萘醚	萘醚	P	Hoechst	
二氢邻苯二甲酸	邻苯二甲酸	C	BASF	
六氢咔唑	四氢咔啶	C	BASF	
六氢吡啶	吡啶	C	Robinson Bras	
丁二酸	丁烯二酸	C	India	
己二腈	丙烯腈	C	Rhone-Poulenc Monsanlo Asahi Chemical	还原偶联
片呐醇	丙硐	P	BASF	
0-氨基苯甲醇	0-氨基苯甲酸	P/C	BASF	
P-甲酯基苯甲醇	对苯二甲酸二甲酯	P	Hoechst	
水合乙醛酸	草酸	C	Rhone-Poulenc Steetley Chemical Japan	
间氨基苯磺酸	间硝基苯磺酸	P/C	Holliday, BASF CJB Development U.S.S.R.	
水杨醛	水杨酸	C	U.S.S.R., India	还原重排
1-氨基-4甲氧基萘	硝基萘	P	BASF	
P-氨基酚	p-硝基酚	P/C	India, Bayer Miles Labs, Japan Holliday, CJB Development	
p-氨基苯甲醚	硝基苯	P/C	BASF	
氢醌	苯	P	Union　Rhinische　Brunkohlen Kraftstoft Tenessee Eastman	

续表

产　物	试　剂	规　模	开发者	工　艺
环氧丙烷	丙烯	P	Kellog/Bayr Dow Chemical U of Dortmund U of Newcastll	
4,4'-双-吡啶嗡盐		P	Soda Aromatic ICI	
硫酸苯肼	硝基苯	C	India	间接匹配
癸二酸	乙二酸单酯	P/C	BASF, Asahi, Chemical U.S.S.R	
十四烷二酸	辛二酸章酯	C	Soda Aromatic Company	

注:C=Commercial 工业化　P=Pilot plant 中试

资料来源 C & EN 1984 Nov.19. pp.52-53　本表引自 CHEMTECH 1989 Mar.p.179

6.5 超声波在化学工业中的应用[27~29]

在化学工业中应用超声波大约已有 60 多年的历史,主要用于清洗工业设备、混合搅拌、溶剂脱气等。用于合成方面尚处于初期阶段,但都是属于一个最引人注目的领域。总的冠以"声化学"(Sonochemistry)名称。

声化学使用的超声频率范围(Frequency ranges 是 20kHz~2MHz)[28]。用千赫、兆赫频率内的超声波"辐照"溶液中的反应物,可使某些一般在高温、高压下才能发生的反应在常温、常压下就能进行。在一些化学反应中应用超声波不仅可以加速反应、减少能耗,增加产品收率,在某些情况下还可制得用其他方法不能制造的产品。

近年来,超声波技术用于合成已取得一些惊人的成果。

美国北达科他州立大学教授 Boudjouk, P. 率先将超声技术用于硅烷化学[30]。

$$(Et)_3-Si-Cl \xrightarrow{Li} (Et)_3-Si-Si(Et)_3$$

他进一步研究,在相似条件下得到了硅烯(disilene)。

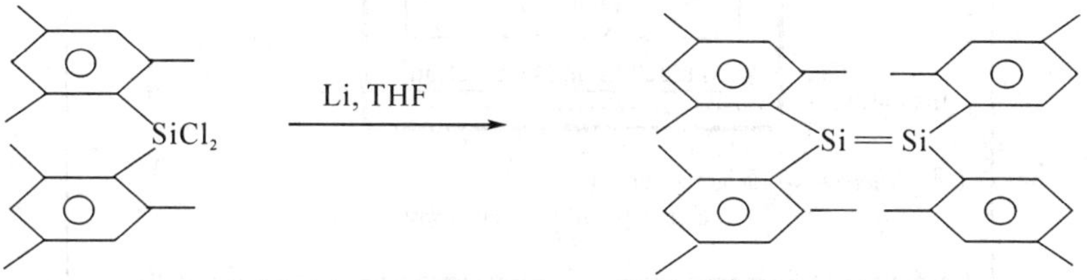

他们研究了在超声波影响下的硅氢加成反应。按通常方法反应需要约 300℃ 的高温和 $100lb/in^2$ 的压力,反应 24hr,在超声波作用下,反应在常温、常压下不到 1 小时即可完成。

超声波技术在有机合成、生物工艺、制药工业、高分子工艺等方面都开展了研究,取得了成果。

超声波加速化学反应的确切机理目前还不很清楚,初步认为,首先与一种称为空化作用(Cavitation)的过程有关,在溶液中,超声反复交替的膨胀和压缩能促使形成许多细微的充满蒸气的微小气泡(Microbulles),气泡随即破裂,产生很强的冲击波,使气泡爆破中心(Center of the collapsing bubbles)的局部温度可上升到 10^4~10^6℃,压力可达数千大气压,不过这种状态持续时间极短,一般为几毫微秒,一瞬间也不会产生在高温反应中常常产生的不良副反应和焦化现象。超声波对化学反应的另一个效应是促进乳化作用(Emulsification),从而使分布在不同相间的反应物有充分接触发生反应的机会。

从上述解释可以看出超声波的应用,使化学反应在瞬间产生高温、高压,充分接触,因此反应的进行就快速、完全,符合绿色合成的要求。超声技术在绿色化学中的应用还大有潜力可挖。

6.6 微波促进有机化学反应(MORE)[33][34]

微波是指波长很短,即频率很高的无线电波,又称高频波。其波长范围通常在 1cm～1m 之间。用于加热技术的微波波长一般固定在 12.2cm(2.45GHz)或 33.3cm(900MHz)。

微波的应用已有很长的历史。直到 1986 年加拿大的 Gedye 等发现微波炉加热可以促进有机化学反应,其速度较传统加热技术快数倍乃到数千倍。因此广泛受到化学工作者的注意。人们称其为微波促进有机化学(Microwave-induced Organic Reaction Enhancement Chemistry),简称为 MORE 化学。其特点是快速(Fast)、安全(Safe)、节约(Inexpensive)以及环境友好[35](Friendly to the environment)。

微波何以能够极大地提高化学反应的速度呢?一种看法认为微波技术仅仅是一种加热手段,无论微波加热或是普通加热方法,反应的动力学不变。另一种看法则认为微波技术除具有热效应外,还存在着微波的特殊效应,微波催化了反应的进行,降低了反应的活化能,也就是说改变了反应动力学。两种观点都有一定的实验依据。不过,目前学术界都以第一种观点来解释实验中的各种现象(图 6-10)。

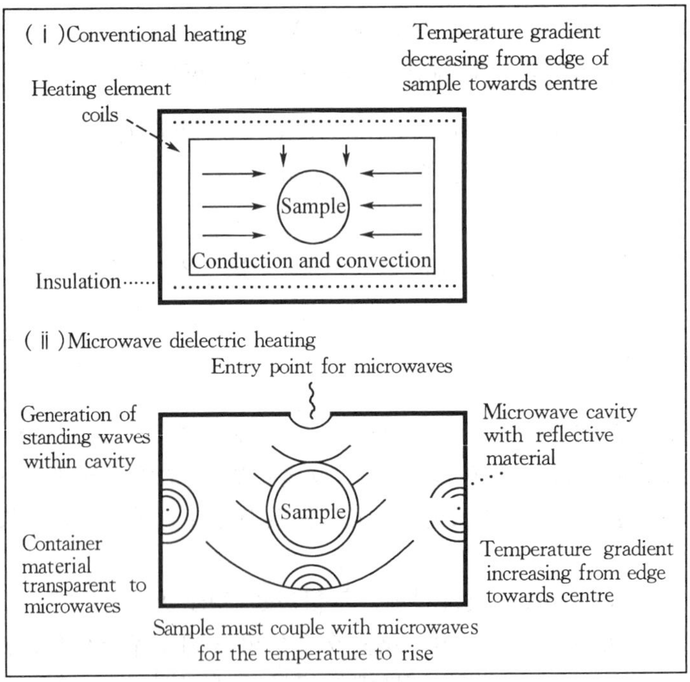

图 6-10 一般加热与微波加热的区别[36]

Fig. 6-10 The difference between conventional and microwave heating

物质分子偶极振动同微波振动具有相似的频率，在快速振动的微波磁场中，分子偶极的振动尽力同磁场振动相匹配，而分子偶极振动又往往滞后于磁场，物质分子吸收电磁能以每秒数十亿次的高速振动而产生热能。因此，微波对物质的加热是从物质分子出发的，又称为“内加热”。

利用微波技术进行的液相反应称为“湿”反应。其中溶剂的选择是反应成功与否的关键。常用的溶剂有 N，N-二甲基甲酰胺(DMF)、甲酰胺、低碳醇、水等。溶剂介质中的反应，往往受到有机溶剂的挥发、易燃等因素的限制。虽然人们设计出许多性能优良的反应装置，但安全性仍然是困扰液相反应的一个问题。

非溶剂反应也称为“干”反应，正好缓解了这个问题。同时“干”反应避免了大量有机溶剂的使用，对解决环境污染具有现实意义。因此，“干”反应成为 MORE 化学的研究热点[37][38]。

MORE 化学近年来发展很快，许多重要的合成反应如 Diels-Alder 反应、Wittig 反应、氧化反应、还原反应、重排反应……都有研究报道。20 世纪 90 年代后期有一些综述文章很有参考价值[39~41]。

与经典的方法相比较，MORE 化学显示了许多优点：反应速度较快、副产物较少、在某些情况下具有高度的立体化学控制、溶剂极少甚至可不用、操作简便、设备投资少等，尤其突出的是 MORE 化学能在源头上减少污染，而且可将 2～3 步反应“一锅煮”(one-pot)，因此与传统生产方法相比，它具有明显的竞争优势。例如 A. K. Bose 在微波促进下，“一锅煮”合成 Carbapenam 的中间体(见图 6-11)。

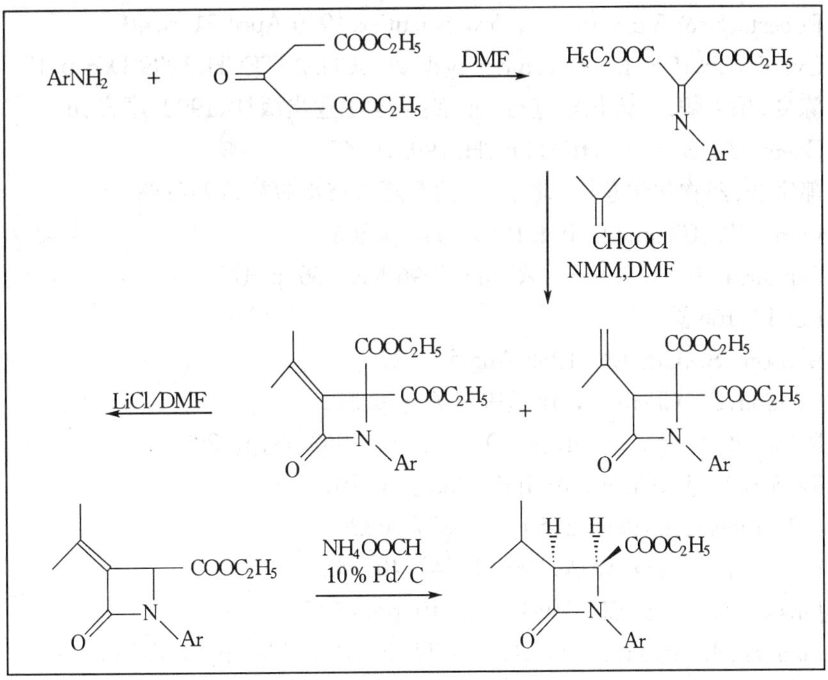

图 6-11　微波促进下一锅煮合成 Carbapenam 中间体

Figure 6-11　A microwave-assisted，one-pot synthesis of a carbapenam intermediate.

* NMM，N-Methylmorphsline (CHEMTECH. 1997 stept，p. 22)

虽然微波化学处于初期阶段,在基础理论和应用研究方面还存在着许多有待解决的问题,但随着微波技术的发展,将会有越来越多的反应能在微波条件下实现,其显示出的优越性(快速、高产率、反应选择性、环境友好等)使人们可以预测:微波在未来的化学各分支学科及化工、医药学领域有着广阔的应用前景。

参 考 文 献

[1] Laird, T.,Chem. Brit. 1989 25(12),p. 1208

[2] Paul A. Wener., et al.,Chem. & Ind. 1997 Oct. pp. 765-769

[3] Sharma, M. M.,Chem. Eng. Sci. 1988 43(8),pp. 1749-1758

[4] Suckling,C.,Chem Brit. 1980 16 (8), p. 416

[5] Starks, C. M.,CMEMTECH. 1980 10(2),pp. 110-117

[6] Starks, C. M.,Israel J. Chem. 1985 26 (3),pp. 211-215

[7] Zaldman, B., et al.,Ind. Eng. Chem. Prod. Res. Dev. 1985 24(3),p. 39

[8] Preedmen, H. H.,Pure Appl. Chem. 1986 58(6),pp. 857-868

[9] Lindblom, L., Elander, M.,Pharm. Tech. 1980(1),pp. 59-69

[10] Cocagne, P., et al. (尤启东译)国外药学——合成药、生化药、制剂分册. 1985 6 (2):86; 6(3):155; 6(4):222

[11] Makosza. M.,Pure Appl. Chem. 2000 72(7),pp. 1399-1403

[12] Roberts,S. & Turnem,N.,New Scientist. 1990 April 21,p. 40

[13] Overdevest,P. E. M. & van der padt,A.,CHEMTECH. 1999 Dec. p. 17

[14] 陈良,乐美卿. 立体化学基础. 北京:化学工业出版社,1992(序言:ii)

[15] Chem. A. S. C.,CHEMTECH. 1993,p. 47

[16] 郭宗儒. 药物化学总论. 北京:中国医药科技出版社,1994:88

[17] Laird, T.,Chem. & Ind. 1989 June. p. 366

[18] Cannarsa, H. J.,Chem. & Ind. 1996 May. 30. p. 375

[19] Ref 14,166 页

[20] Stinson, S.,C& EN. 1985 Aug 5,p. 22

[21] Sheldon,R.,Chem. & Ind. 1990 Apr,p. 212

[22] Reinhald, D. F., et al.,J. Org. Chem. 1963 33,p. 1209

[23] Reider, P. J.,Chem. & Ind. 1988 June 20. p. 394

[24] a. Tetrahedron. 1989 45(5),pp. 2677-2682
b. 石蓉译文. 农药译丛. 1991 13(4):40～42

[25] Jansson,R.,C & EN. 1984 Nov. 19. pp. 43-57

[26] Mannel M. Balzer. M. M.,CHEMTECH. 1985 Mar. pp. 178-182

[27] 黄汉生,化工科技动态,1986(2):1～2

[28] Sung Moon.,CHEMTECH. 1987 July. pp. 434-437

[29] T. J. Mason & E. D. Cordemans.,Trans I Chem E. 1996 July. Vol 74, Part A. pp. 511-516

[30] Boudjouk, P., Han B. H., Tetrahedron Lett. 1981 22. p. 3813
[31] Boudjouk, P., Han B. H., Anderson, K. R., J. Am. Chem. Soc. 1982 10A, p. 4992
[32] Han, B. H., Boudjouk, P., Organometallics. 1983 2, p. 769
[33] 樊兴启,尤进茂,谭干祖,俞贤达,焦天权,化学进展. 1998 Vol. 10. No. 3:285～295
[34] 陆模文,胡文祥,恽榴红,有机化学,1995 15:561～566
[35] Bose, A. K., Banik, B. K., Lanlinskaia, N., et al., CHEMTECH. 1997 Sept. pp. 18-24
[36] D Michael P Minges., Chem. & Ind. 1994 Aug 1, p. 597
[37] 钟建华,段聂晶,陈红,陈祖兴,孙东成,王玫,化学试剂,1995 17(8):274～278
[38] Dittmer, D. C., Chem. & Ind. 1997 Oct. 6. pp. 779-784
[39] Strauss, C. R. Trainor, R. W., Aust. J. Chem. 1995 48, pp. 1665-1692
[40] Galema, S. A., Chem. Soc. Rev. 1997 Vol. 26, pp. 233-238
[41] Gabriel, C., Gabriel, S., Grant, E. H., et al., Chem. Soc. Rev. 1998, Vol. 27, pp. 213-223

第七章　生物技术在绿色合成中的应用

7.1　概　　述

诺贝尔化学奖得主，美国赖斯大学的柯尔(Robert F. Curf)曾向他的许多科学界同事宣布："20 世纪是物理学和化学世纪，而 21 世纪无疑将是生物学世纪。"新的生物技术实际上已经在重塑每一个领域[1]。

生物技术(Biotechnology)是利用生物体或其体系或该生物体的衍生物来制造人类所需要的各种产品的一门新型的跨学科的技术体系。也有专家认为生物技术即生物工艺学，是达到特殊目的或产物的生物过程的控制性工程，这个"过程的控制"包括对生物机能及其产物的控制，以达到工业化生产，其产品实现商业化。这个综合性技术体系包括基因工程、细胞工程、酶工程、发酵工程及生化工程(后处理工序)五个方面的内容，构成现代生物工程技术的完整体系，它们彼此之间形成一个相互联系的整体，各自在整体中占有不可替代的重要地位。其中基因工程和发酵工程是现代生物技术的核心，前者提供优良的"种子"，后者是优良性表达产物的索取和实现商品化的一个关键性环节[2]。各个生物技术的研究内容以及它们彼此间的关系简明表示如图 7-1[3]。

继 20 世纪 70 年代基因工程、细胞工程、发酵工程和酶工程等第一代生物技术之后，80 年代又出现了以蛋白质工程、海洋生物工程、生物传感器和生物计算机等新技术为标志的生物技术应用新浪潮，并迅速取得重大进展，这在科学技术史上是前所未有的[4]。

基因工程是在遗传物质的分子水平上改造和设计生物的结构和功能的技术。细胞工程是通过在细胞水平上重组细胞的结构和内含物，以改造生物的结构和功能的生物技术。蛋白质工程则是通过修饰或改变蛋白质分子的某些基团和结构以生产功能更强大或更能满足人类某些特殊需要的蛋白质活性物质的技术。酶工程和发酵工程则是应用细胞培养和微生物发酵技术工业化大规模生产活性物质的技术[5]。

生物工程本身具有以下特点：

1. 高效和经济的特点。例如将高光合作用基因转入到普通的杂交水稻中，则杂交水稻的产量有可能再提高 20%；将人的胰岛素基因转入到大肠杆菌中，大肠杆菌可在工厂里高效和大规模地生产医药用的胰岛素。生物工程的高效性和经济性是传统产业工程所难以相比的。

2. 清洁、低耗和可持续发展的特点。与传统产业不同，生物工程所利用的原料是可再生及可循环使用的生物量(Biomass)，主要的生产环节是在活的生物体或活的细胞内完成的，因此，现代生物工程不需消耗大量地球上不可再生的资源，也不会或极少产生对生命有害的废物。这种清洁、低耗和可持续发展的特性是传统产业所不具备的。

图 7-1　生物技术

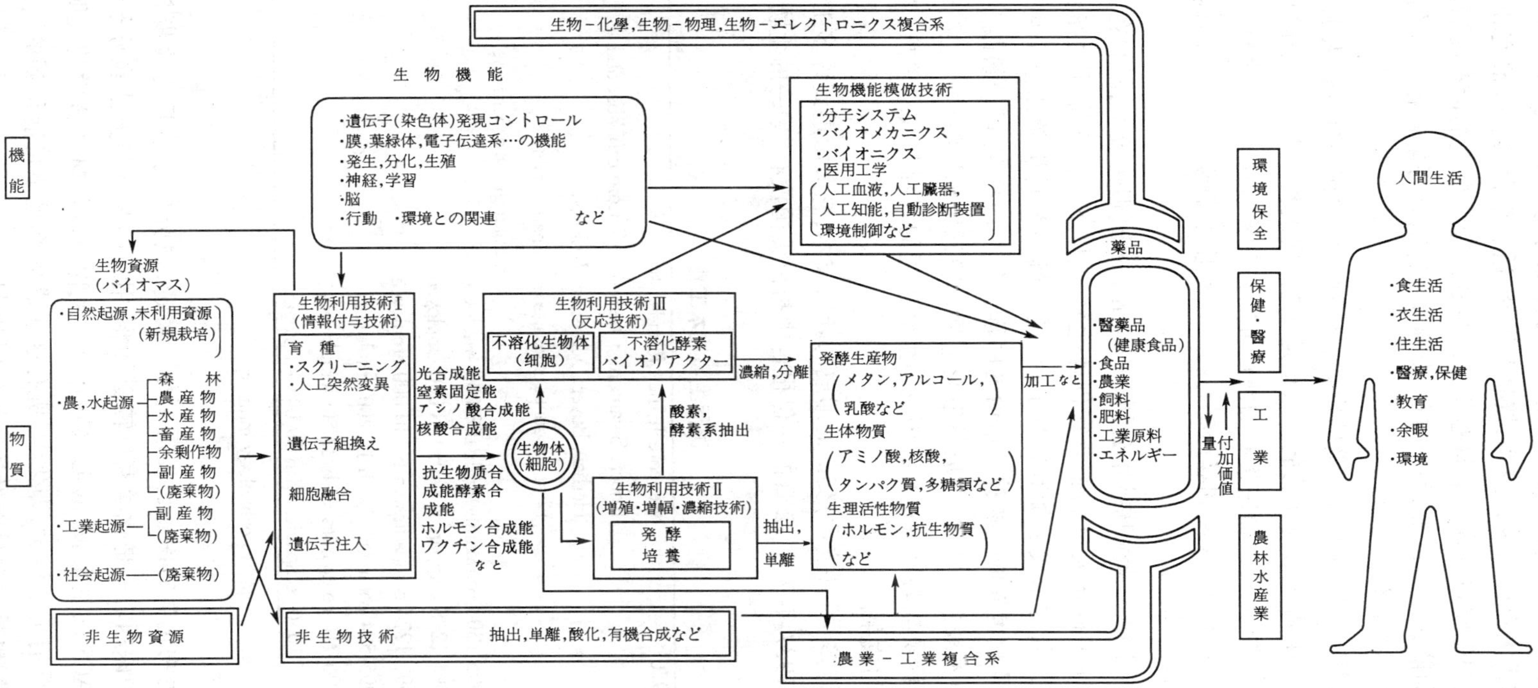

(现代化学 1980 年 12 月 pp.34~35)

Fig 7.1 Biotecnology (バイオクノロジー)

3. 可遗传、易扩散与自主扩展的特点。生物能通过遗传和自我繁殖而不断地扩增个体并自主地寻找和扩大自己的生存空间;按物竞天择,适者生存的规律演变和进化。经人类用生物工程改造过的生物也同样具有这些特征。生物工程所制造的活产品的这些特性对人类有双重性:一方面能为人类造福;另一方面,如果失控,则有可能打破现有的生态平衡,造成难以估量的严重生态灾难。

4. 对人类伦理和人性尊严有直接的影响。生物工程的核心是通过人工操纵生物的遗传物质来改变和设计生物的结构和功能。人也是生物,当人类的基因和细胞也可能成为生物工程师的操作对象时,人的生命结构和功能也可能在实验室被设计和改变,人类没有理由不担心和忧虑。人类的伦理、人性和尊严都将在一定程度上面临生物工程的挑战,这也是其他产业工程所不具备的特点。

1976 年,世界上第一家生物技术公司——Genentech(遗传技术公司)在美国诞生。它的率先崛起激发了许多科技人员和企业家创建生物技术公司。据统计,1984 年美国已形成 200 家生物技术公司,并形成了加利福尼亚州、波士顿州和马里兰州三个生物工程中心,从而揭开了一场波及全世界的生物技术革命的序幕。日本、西欧各国纷纷跟上,各自制定发展战略与规划,大力发展生物技术,并取得很大进展。我国"高技术研究发展计划纲要"(简称"863 计划")的目标及战略思想也是我国发展生物工程的目标与战略思想,该纲要实施以来取得了许多明显的成果。

生物技术是许多学科(技术)交汇而形成的新兴技术,它又渗透到许多工业中去,美国国会技术评估局在 1987 年 7 月 12 日的一份报告中指出美国没有"单一的生物技术工程"[7]。

表 7-1　　国际生物技术工业

USA	1976	Genentech Inc. founded by Robert Swanson. Chemist. Venture capitalist and Herbert Boyer. Molecular biologist First products envisaged: human insulin human growth hormone
	1995 1308 companies with 108 000 employees	
	1996 1278 companies with 118 000 employees	
	1997 1274 companies with 140 000 employees	
Europe	1995 584 companies with 17 200 employees	
	1996 716 companies with 27 500 employees	
	1997 1036 companies with 39 045 employees	

Tab. 7-1　The international biotechnology industry

有机化学与生物化学的课题已发展到相互渗透,想分也分不开的地步[8]。当前,有机化学中激动人心的课题之一是化学家将转变思维,用新的观点与方法在分子水平上阐明生命的问题[9]。前 ACS 的主席 Many L. Good 说:"生物技术与材料科学的发明与进步,起作用的都是化学","没有分子科学,即化学,所有这些进展都是不可能得到的",这是科学史上最激动人心的时代,也是化学最能发挥作用的时代[10]。

关于生物工程及其在精细化工中的应用,在《精细石油化工》刊物上的"新兴精细化工讲座”专题报道中有比较详细的介绍[11]，可供进一步学习和参考。

7.2 生物催化与仿生催化

7.2.1 酶工程

对立统一是宇宙的根本规律，生命的基本特征是不断进行新陈代谢，它包含着同化作用与异化作用两种对立统一的运动方式，是在酶的催化下快速而有序地进行着，它们方向相反、缺一不可，否则生命运动就不能存在了。

酶是生物催化剂，它是一种由细胞制造出来的特殊蛋白质，酶的种类很多，已发现的有2 000多种。

与现代化学工业中应用的非酶催化剂相比较，酶催化剂有以下特点[12]：

(1)催化效率高——一般纯酶的催化效率比无机催化剂高十万到一亿倍。

(2)选择性高——一种酶只能对一种或一类物质进行催化反应，不像非酶催化剂那样会产生副反应。

(3)反应条件温和——酶反应一般在常温、常压、酸度变化不大的条件下起反应，因此有可能甩掉耐高温、耐高压和耐酸碱的设备。

(4)酶本身无毒，而且在反应过程中也不产生有毒物质，因此不造成环境污染，最能体现绿色化学的要求[13]。

20世纪80年代人们才发现天然催化剂——酶在转化非天然有机化合物中的巨大潜力，在70年代末刚刚开始时作为一种“动向”，到了90年代在有机合成化学中则几乎成了一种“时髦”，而这种应用的发展将是难以估量的[14]。

酶催化剂用于有机合成是生物技术中最具有“化学性”(Chemical)与“分子性”(molecular)的一个领域。

日本的著名生物学家江上 不二夫等将化学反应与生化反应作了比较后，认为在21世纪的化学工业将是在仿生的基础上，结合原有的化学工业的长处建立起来的新型化学工业。

传统化学工业的优点
生化反应的优点 ⟩——→21世纪的化学、化工，

可以预期，在这个被称为“超精密化学”的领域中，一定会有众多的有生物功能的人工物质和技术诞生，开发出有划时代意义的医药、农药等新产品。

但是，酶催化法有它的缺点。酶在水溶液中一般不是很稳定，而且酶与底物只能作用一次，从经济上来说是不理想的。

解决的办法是将它们以物理或化学的方法固定在天然或合成的载体上，成为固定相酶，后来又发展成为固定化微生物细胞，这是化学与生物学互相交叉渗透而形成的一个新的领域。

固定相酶应用于催化反应中，不仅仍具有前述酶催化的各种优点，而且还有一定的机械强度，可以用搅拌或装柱形式作用于底物的溶液使生产连续化、自动化；不带进杂质，产品易提纯、收率高；反应结束后固定相酶可以反复使用，也可以贮存。由于有了这些优点，所以在工业上有很大的应用前景。

随着酶工程研究与开发的深入，它的应用范围越来越广，如制药工业、食品工业、能源、环保等，特别是在化学工业的应用上能够产生巨大的经济效益与社会效益。据统计，20 世纪末全世界酶工程产品达到数百亿美元，占化学产品总数的 25%[15]。酶催化在有机合成反应中得到了广泛的应用，简单举例见表 7-2、表 7-3、表 7-4[19]。

表 7-2　　　　酶催化反应的某些应用

Reaction		Enzyme	Reference*
ArCDO ⟶ ArCHDOH	*S*	HLADH	Jones and Beck(1976)
$ArCOCO_2Et$ ⟶ $ArCH(OH)CO_2Me$	*R*(−)	yeast	Deol *et al.* (1976)
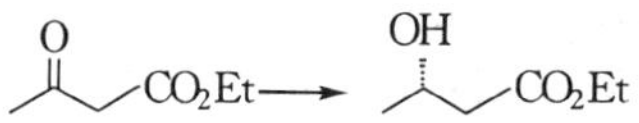	*S*(+)	yeast	Deol *et al.* (1976)
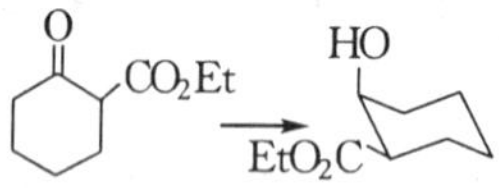	*cis*	yeast	Deol *et al.* (1976)
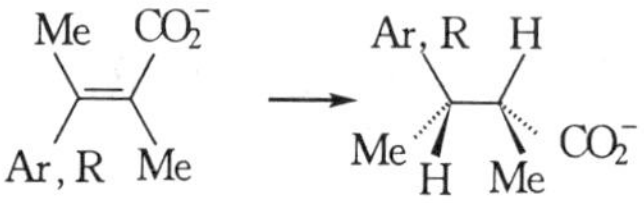		Enoate reductase	Simon *et al.* (1981)

Table 7-2　Some generally applicable reactions catalysed by enzymes

表 7-3　　　　酶催化下的某些立体选择性加成反应

Reaction	Enzyme	Reference*
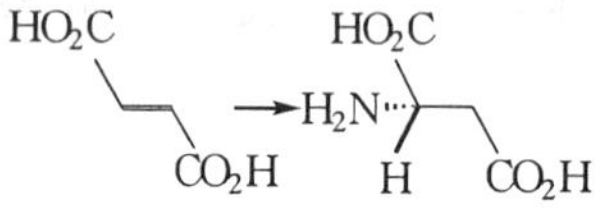	Aspartase*	Chibata(1978)
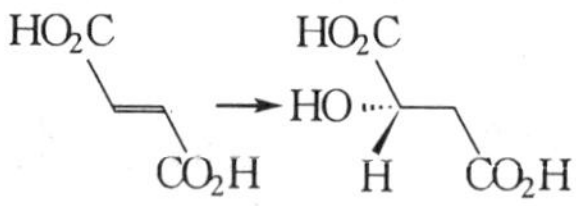	Fumarase	Hill and Teipel(1971)
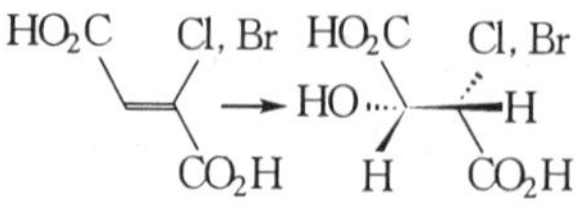	Fumarase	
ArCHO ⟶ ArCH(OH)CN(R)	*β*-Hydroxynitrilolyase*	Becker *et al.* (1965)

Table 7-3　Some stereospecific addition reactions catalysed by enzymes. Those marked* have been carried out on a kg scale

表 7-4　　　　**酶催化下的某些立体选择性水解反应**

Reaction	Enzyme	Reference*
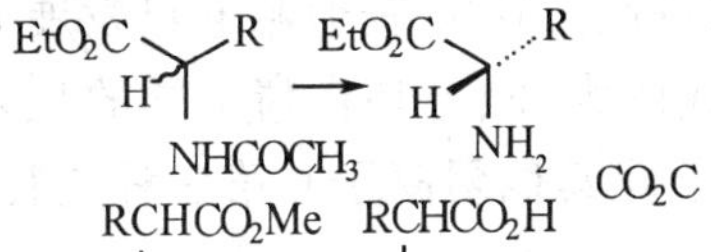	Hog kidney deacylase	Caldwell *et al.* (1979)
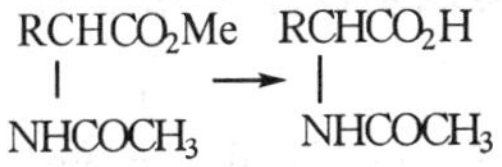	Chymotrypsin	Jones and Beck(1976)
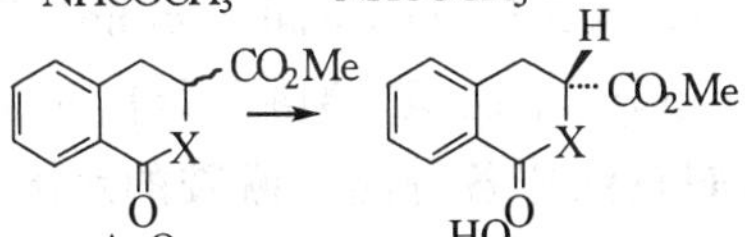	$X=CH_2$, NH, O Chymotrypsin	
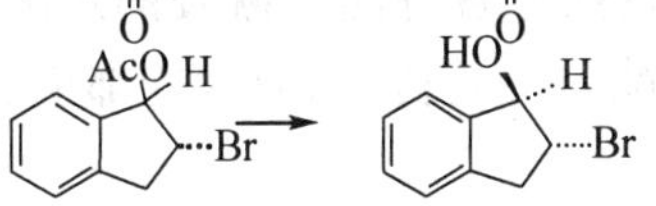	*Rhizopus nigricans*	Kawai *et al.* (1981)
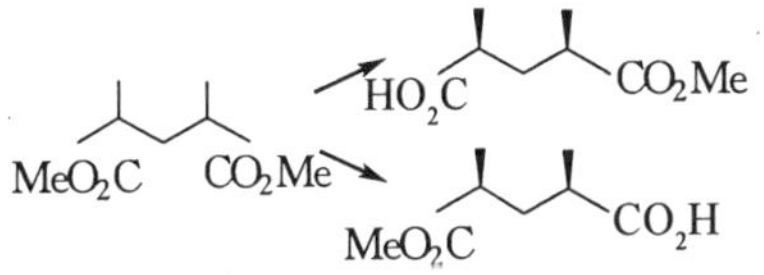	Pig liver *Gliocladium roseum*	Chen *et al.* (1981)

Table 7-4　Some stereospecific enzyme-catalysed hydrolyses

* 表 7-2，7-3，7-4 中的参考文献请在注解[19]原书中查阅。

7.2.2　模拟酶

酶催化反应以高效性、专一性及条件温和而令人注目，但天然酶来源有限、难于纯制、敏感、易变，实际应用尚有不少困难。开发具有与酶功能相似甚至更优越的人工酶已成为当代化学与仿生科技领域的重要课题之一[20]。

模拟酶，就是从天然酶中拣选出起主导作用的一些因素，如活性中心结构，疏水微环境与底物的多种非共价链相互作用及其协同效应等，用以设计合成既能表现酶的优异功能又比较简单、稳定得多的非蛋白质分子或分子集合体，模拟酶对底物的识别、结合及催化作用，开发具有绿色化学特点的一些新合成反应或方法。显然，仿酶催化不仅兼具酶催化与化学催化两者的优点，而且是实现绿色化学目标的直接而有效的途径。

在模拟酶催化剂体系中最常用的有环糊精(Cyclodextrins)、冠醚(Crown ethers)与胶束(micelles)。

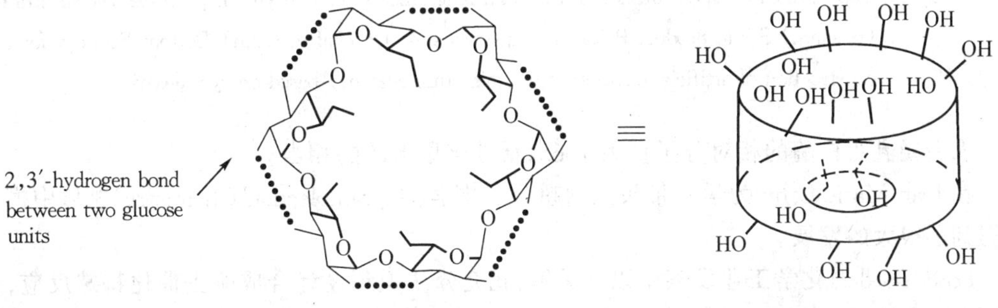

图 7-2　α-环糊精结构

Fig. 7-2　Structural representations of α-cyclodextrin.

研究得较深入的首推环糊精,它是个环形的葡萄糖低聚体(Olicgomerns of glucose),由6、7、8个葡萄糖分子以β-1.4链联结成环形结构,羟基处在外层,而有一个大的非极性内穴(Inner cavity),可以包括非极性底物而赋予良好的模拟酶特性。其次是冠醚,它已发展成为化学的一个分支,它是由氧化乙烯链(Ethylene oxide)组成的大环、与环糊精不同的是它与非极性底物结合成为冠醚的离子配合物(金属离子、铵离子及其他阴离子),第三种是胶束,一种有仿酶特性的高分子聚集体(multimoleculac aggregates)。

1985年,Bender等报道了由β-环糊精构成的一种小的人工酶(artificial enzyme),其催化活性是以与所模拟的原型——胰凝乳蛋白酶(Chymotrypsin)相比拟,胰凝乳蛋白酶是个大(分子量24 800 Da)而复杂(245个氨基酸)的酶,其功能是催化各种脂与酰胺的水解反应。经X-光分析其结构,其活性中心的疏水区由咪唑基、羧酶酯与羟基构成,而这些都由Bender按准确的顺序在β-环糊精上组合成功(见图7-3)。

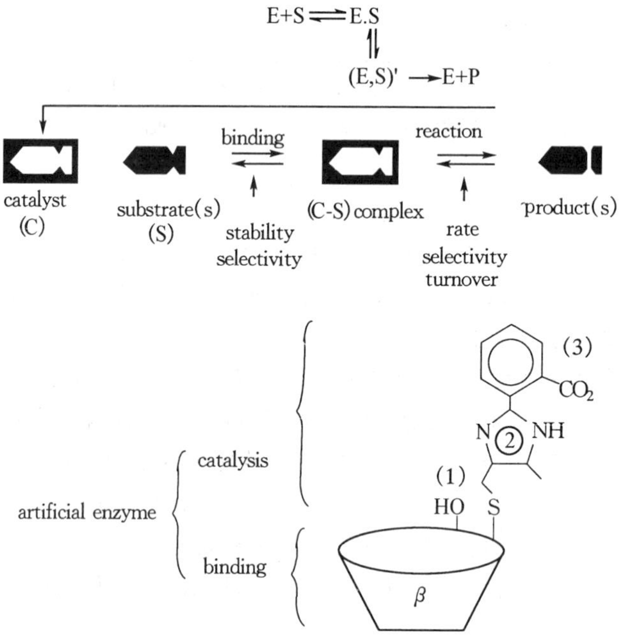

图7-3　酶反应(图上部)与模拟胰凝乳蛋白酶(图下部)[21]

Fig.1　Top Schematic repersentation of the enzymatic process. The enzyme E processes the substrate (reactant) S into product P via the transision state E·S (after Lahn). Bottom: Strategy for the construction of artificial chymotrypsin (miniature enzyme) based on cycledextrin.

人造凝乳蛋白酶的相对分子量为1365,活性与原形的酶相当。

在Jean-Marie Lehn为学术带头人的超分子化学(Supramolecular Chemistry)领域中模拟酶得到了很大的发展。

Lord Todd对化学工业发表了以下见解:我充分认识到设计合成酶去催化特殊反应,很可能在生产中得到应用。这种在许多工业领域中革命化的措施,不仅在环境方面,而且在节能的观点上都是很吸引人的[22]。

7.2.3 化学酶(Chemenzyme)

在有机合成化学中,探索与设计具有高选择性、高产率的反应试剂一直是研究的热点。从 1986 年起,Corey 等合成了一系列的手性催化剂,并将其应用于不对称合成,取得了极大的成功。这类催化剂的催化作用像酶的催化作用那样,立体选择性和催化效率都很高,但手性配体是通过化学方法合成得到的小分子而非蛋白质,故称为化学酶[23]。

Corey 化学酶在药物和天然产物合成中显示出强大的实力。如图 7-4 所示,化合物 A、B 分别是两种药物 Cassiol 和(3S)-2、3-Oxido squadene 的重要的中间体。

例 1　D-A 反应化学酶[17]

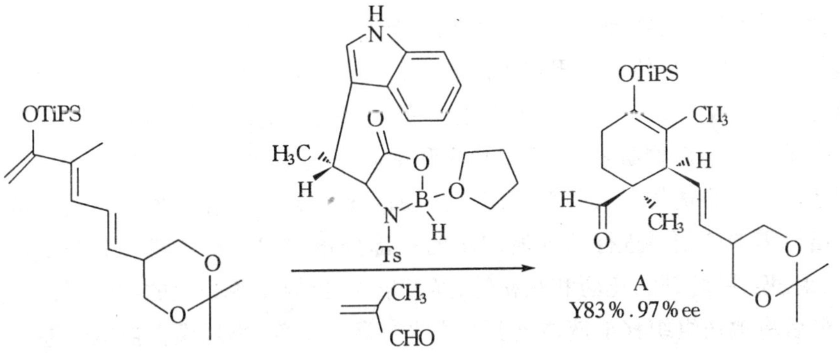

例 2　Alcol 反应化学酶[18]

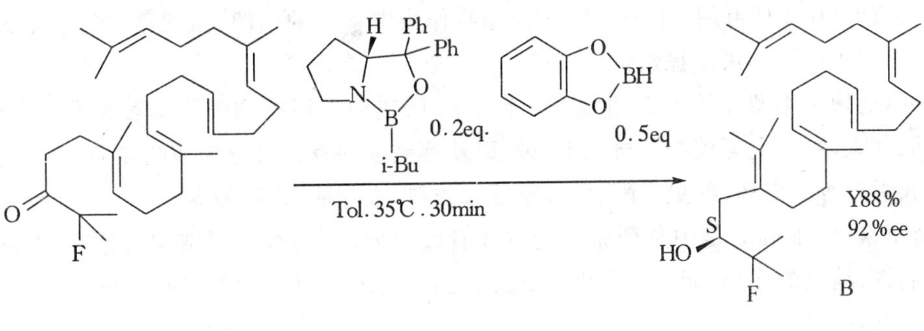

图 7-4　化学酶应用举例

Fig. 7-4　Examples of chemenzyme

7.2.4 催化抗体[14][24~25]

酶作为结构选择性的催化剂,它的反应机理是给一个反应的速度决定步骤的过渡态提供一个空间与电子的互补体。由此可以推出,一个反应的稳定过渡态的类似物所产生的抗体应该能够催化这个反应,这一概念已被实验证实。一个反应过渡态的模拟分子所产生的单克隆抗体,能够使这些反应的速度增加几个数量级。利用这一技术,可以设计新的蛋白质催化剂并用于一些以前难以实现的反应[14]。

7.3 细胞培养与组织培养[26~30]

植物细胞培养与次生代谢物质(Secondary metablites)的研究是20世纪50~60年代兴起的植物生物技术,一般称为"快速繁殖技术"(Rapid propogation)或微繁殖技术(Micro-propogation)。利用的原理在于细胞的全能性,即植物的体细胞具有母体植株全部遗传信息并发育成为完整个体的能力。从绿色合成的角度来看,即利用植物离体细胞具有与原植物同样合成各种次生代谢的能力,来生产五光十色、丰富多彩、结构复杂的天然产物,尤其是医药品——中草药的有效活性成分。

植物细胞正如一个活的化工厂,通过生物转化,把简单的无机物转化形成复杂的有机化合物。因此,可以应用植物细胞培养技术和植物细胞生命活动过程发生的变化来进行有用化学物质的生产,把原来传统的田间生产转变为人工控制条件下的工业化生产[29]。

植物的组织和细胞培养技术是将植物体的一部分经过无菌处理后,置于含有碳源,氮源、无机盐、维生素和植物激素(包括生长素和细胞分裂素)的培养液中,目标产物是次生代谢产物则还要加入合适的释放药剂,有时还要加入外源前体。在培养液中进行培养,使其增殖并释放出所需的产物。进行培养所取用的一部分植物组织称为外植体(Explant),如根、茎、叶、花、果、穗、胚乳、胚、花药和花粉等,经过培养,形成了脱分化的细胞团,称为愈伤组织(Callus),最后将愈伤组织移至液体培养基中进行悬浮培养,小规模在摇瓶中进行,大规模在工厂的生化反应器中进行(见图7-5、图7-6)。

据报道,世界卫生组织(WHO)统计约30%的植物用于医药,在世界250 000种高等植物中,约有80 000种可用于医药[33],因此植物作为中草药的药源,虽然已取得了重大成就,但仍然有很大的空间可供探索[34]。

中草药快速繁殖开始于20世纪70年代末,已成功地用植物细胞培养技术生产出一些中草药,如人参、三七等植物药材约50种,以及感兴趣的有机成分约300多种,有医药(如利血平、长春碱等)、农药(除虫菊酯、鱼藤酮等)、香料(桉叶油、茉莉油等)。

紫草素(Shikonin)是中草药紫草的主要有效成分,是具有萘醌结构的色素,无毒、有抗菌、抗病毒、消炎的作用,能治疗传染性肝炎、皮肤病,还可以作为天然有生理活性的高级化妆品(口红)原料。

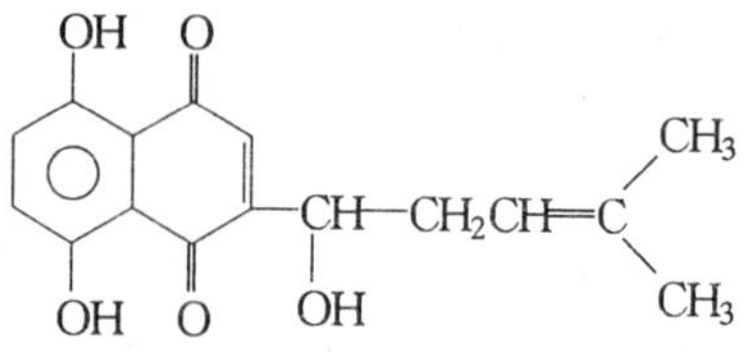

紫草素 Shikonin

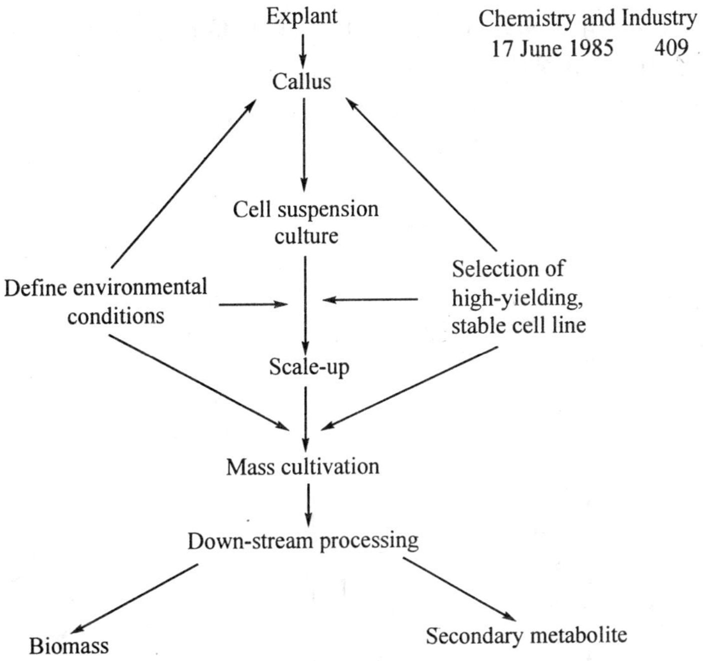

图 7-5 植物细胞培养产生次生代谢产物示意图

Fig. 7-5 Simplified scheme for the production of secondary metabolites by plant cell culture

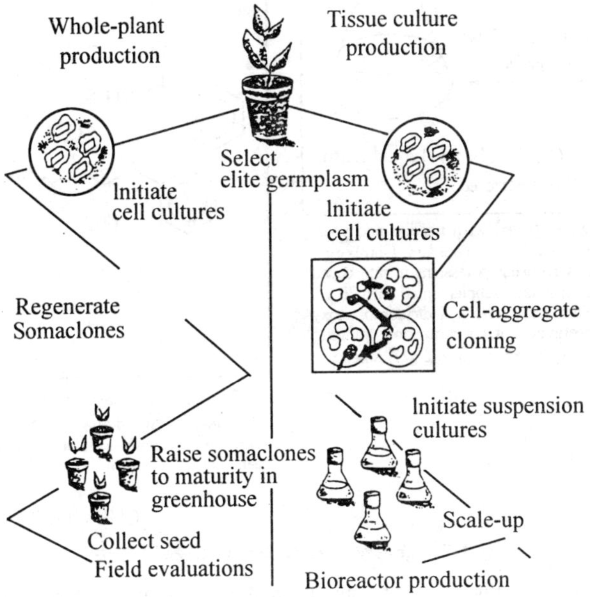

图 7-6 植物组织培养生物技术

Figure 7-6 Plant tissue culture biotechnology. Whole plant or agricultural production uses regenerated genetic variants that accumulate increased levels of the desired compound. Tissue culture production uses specifically selected, high-producing, undifferentiated cells scaled up for bioreactor culture

日本 Mitsui 石油有限公司用细胞培养法生产了紫草素,它们采用“两步法”,需时 23 天,先在 200 升小罐中培养 9 天,再转到 750 升大罐中培养,然后分离出紫草素[35]。比天然植物根部提取高 10 倍,含量达 12%,产量提高 130%。

紫杉醇(Taxol)是从短叶紫杉(*Taxces brevifolia*)皮中分离出来的一种结构复杂的天然化合物。

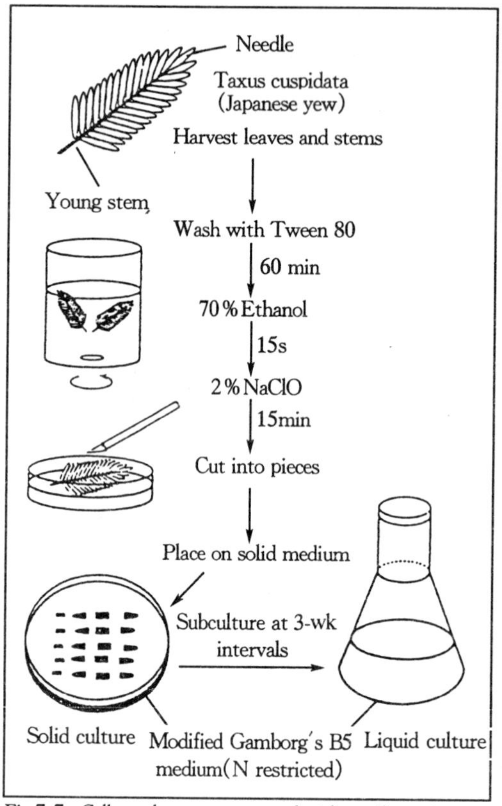

Fig.7-7c Callus cultures were started with needles and young stems of the Japanese yew tree, Taxus cuspidata. Gamborg's B5 medium(31) was used with a reducing potassium nitrate concentration and without ammonium sulfate, supplemented with 20 g/L sucrose and 3g/L Casamino acids, and with 2,4-dichlorophenoxyacetic acid or naphthaleneacetic acid at concentrations ranging from 0.5 to 10.0 mg/L in combination with 0.2 g/L kinetin.

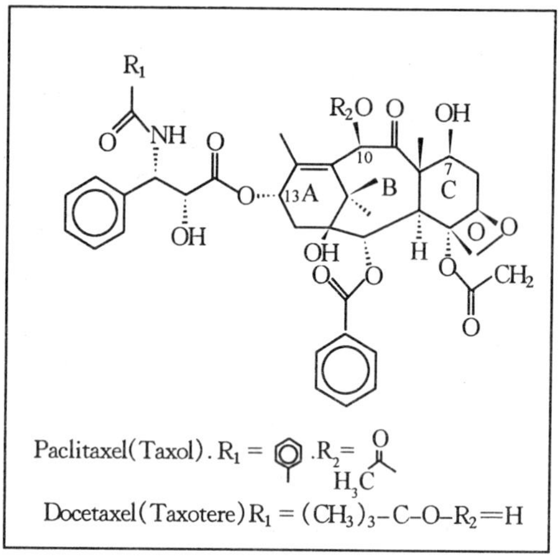

Fing.7-7a The structure of paclitaxel(Taxol) and its semisynthetic side-chain analogue docetaxel(Taxotere)

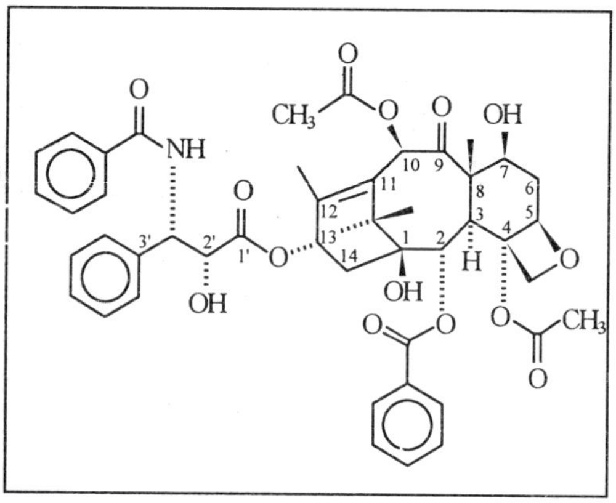

Fig.7-7b The anticancer drug taxol has a structure that allows for many possible stereoisomers. Twelve carbon atoms can have two spatial arrangements each, for a total of 2^{12}, or 4096; possible Isomers that differ only in the way the atoms are oriented.

CHEMTECH 1996 MARCH pp. 41-42

图 7-7 紫杉醇的结构与组织培养的方法

Fig. 7-7 The structur and callus culture of Taxol

1969 年分出纯的紫杉醇,1971 年 Monvoe wall 等鉴定了它的结构,1983 年开始进入临床,陆续发现它对卵巢癌、乳腺癌与肺癌都有疗效,1992 年经美国 FDA 批准使用。

紫杉醇虽然疗效高,但缺点是药源少,供应困难,紫杉树皮中含紫杉醇 0.02%,紫杉生长缓慢，要长 20 年才能剥皮药用，剥皮后树就死亡。每株树的皮可提供紫杉醇 650mg，每个病人每年用药量为 2g，相当于三棵树供一个病人的一年用药量[36]。美国现已禁止剥树皮，寻找其他方法开发药源，如全合成、半合成，用树叶替代树皮进行提取(可以免去因剥皮而导致树木死亡)以及细胞培养方法。比较起来，只有后者才是解决药源不足的可行的方法，符合可持续发展的方针。

每一种当地的 Taxus 科植物中都可以找到紫杉醇(Taxol)，而在 *T. Brevifolia* 的树皮中含量最高，在其叶子与树枝(Stem)中也含有少量的 Taxol。用 *T. Brevifolia*(短叶紫杉)、*Taxus baccata*(浆果紫杉)、日本、加拿大、中国本地的紫杉都进行过细胞培养研究。

Minoru Sehi 与 Shintaro Fuvusaki 用日本紫杉(Japanese yews tree)进行细胞培养，可解决紫杉醇的药源问题。这一技术可能是这个抗癌药物工业化生产的基础。

紫杉植物细胞培养的方法见图 7-7。

愈创组织培养从针叶(needles)与嫩枝(young stem)开始，用吐温-80(Tween80)溶液洗涤后，浸入 70%乙醇与 2%次氯酸钠(NaClO)溶液中灭菌，用灭菌液淋洗，在无菌条件下将外植体(explants)切成 5mm 长的小段，然后放置在琼脂培养介质(Agar Culture media)中，300K 黑暗中培养约 3 周，然后将固态培养介质分散悬浮于 100ml 液态介质中，在黑暗中，300K 以下、以 100 次/分(Strokes/min)频率振摇，当测得细胞中紫杉醇浓度十倍于介质中时(～10－15mg/Kg wet cell)，细胞的体积分数(Volume fraction)仅为～1%，于是表明有 70%～80%紫杉醇从活细胞排泄到介质之中，然后分离纯化得到产品。

最近，日本学者通过甲基茉莉酮酸的诱导，使紫杉醇的生产能力在 2 周内可达300mg/l，比以前提高了六倍，但要从实验室小试结果放大到 100 吨生产规模反应器，还有许多问题要解决[38]。

植物细胞培养研究主要焦点集中在提高生产能力，常用的战略包括：高生产能力的细胞系的筛选、生长及生产培养基的优化；使用诱导因子提高次生代谢物产量；培养分化了的细胞；代谢工程。虽然人们在这一领域已进行了不懈的努力，但由于技术及经济方面的问题，目前虽然有 $60m^3$ 的搅拌生物反应器成功地进行植物细胞培养，但真正进入市场的仅有 2 种产品(紫草素和人参培养物)，尽管如此，由于植物次生代谢产品多方面的优异性能，细胞培养这一植物生物技术在绿色化工方面的应用开发上，前景是十分光明的[39]。

7.4 发酵工程[11][12]

发酵工程是通过现代技术手段，利用微生物的特殊功能生产有用的物质，或直接将微生物应用于工业生产的一种技术体系。

发酵工程也称为微生物工程。这项技术主要包括菌种选育、菌种生产、代谢产物的发酵以及微生物机能的利用等技术。

发酵工程是 20 世纪 40 年代随着抗菌素发酵工业的建立而兴起的。20 世纪 70 年代以来，由于细胞融合、细胞固定及基因工程等技术的建立而发展到了一个崭新阶段，应用范围涉及到医药(如抗菌素、维生素)、食品(如氨基酸)、农药(如农用抗生素和抗菌素)、化工(如中间体、溶剂)、能源、冶金和环保等广泛的领域。

图 7-8 表示从醣类通过发酵制造乙醇、乙酸、乳酸、丙酮/丁醇/乙醇(ABE)等有关产品[40]。

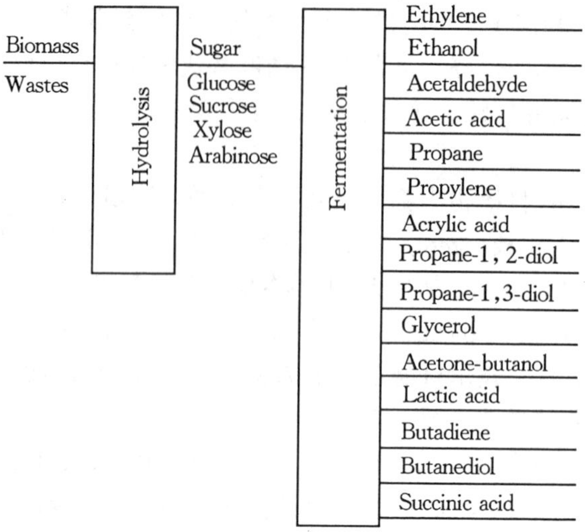

图 7-8 从木质纤维原料制造新的化工产品

Fig. 7-8 Production of novel chemicals from lignocellulosic raw materials.

Chem. Soc. Rev. 1999,28,p.398

参 考 文 献

[1] 杰里米·里夫金著,付立杰,陈克勤,昌增益译.生物技术世纪——用基因重塑世界.上海:上海科技教育出版社,2000.5:16

[2] 罗明典.充满商机的生物技术.武汉:湖北人民出版社,1999.1:1

[3] 中村桂子.现代化学.1980(12)(No.117):34～35

[4] 卢继传,李健新著.未来社会经济的支柱——生物技术.北京:新华出版社,1992.9:1

[5] 罗深,颜青山.生物工程与生命.北京:高等教育出版社,2000.7:1～3

[6] Allert E. Fischli.,Pure Appl. Chem. 1999 71, p.689

[7] 同 Ref[4],p.790

[8] Suckling, C.J. & Wood,H.C.S.,Chem. Brit.1979 15(5),pp.243-248

[9] Stinson,S., C & EN.1984 62(6)p.18

[10] Rebecea L. Rawis.,C & EN.1987 June 15 pp.26-27

[11] 张瑛.生物工程及其在精细化工中的应用.

a.精细石油化工.1995(4):73～78

b.精细石油化工.1995(5):71～74

c.精细石油化工.1995(6):81～85

d.精细石油化工.1996(2):55～60

e.精细石油化工.1996(2):56～60

f.精细石油化工.1996(4):55～61

[12] George, M. W., Wong, C. H.;Angew. Chem. Int. Ed. Engl.1985 24 pp.617-638

[13] Robert, S., Turner, N., New Scientist. 1990 Apr. 21. pp. 38-43
[14] 索永福,科学,1995 47(1):51
[15] 同 Ref. 4. p. 37
[16] Robert, S. M., Chem. & Ind. 1988 June 20 pp. 384-386
[17] Margolin, A. L. Enzyme Microb. Technol. 1993 Vol. 15, pp. 266-280
[18] David H. G. Grout & Markus Christen. "Biotransformations in crganic Synthesis" in R. Scheffold(Ed.)《Mordern Synthetic Methed》1993 Vol. 5, pp. 1-114
[19] Suckling, C. J., Enzyme Chemistry. Chapman and Hall. 1984, Chap. 4
[20] 谢如刚,化学研究与应用,1999 11(4):244
[21] Thomas, J. M., Angew, Chem. Int. Ed. Engl. 1994 33, p. 929
[22] J. Fraser Staddast. "The Design & Development of Enyyme Analogues" in P. Dunnill A. Wiseman N. Blakebrough《Enyymic and Non-Enyymic Catalysis》Chap. 4. p. 84-110. Ellis Horwood Pubilishers 1980
[23] 钟增培,黄振立,朱良,化学通报,2000(A):18～22
[24] 赵华明,谢如刚,化学研究与应用,1994 6(1):19
[25] G Michael Blacklum & Panl Wentworth., Chem. & Ind. 1994 May 2. pp. 338-342
[26] 胡昌序.植物细胞培养和次生物质生产.载于陈维伦,陶国清等编著.植物生物技术.第十二章,北京:科学出版社,1987:210～237
[27] 罗深,颜青山.生物工程与生命.北京:高等教育出版社,2000:215～223
[28] Ref.[4] pp. 31-35;162-164
[29] 侯嵩生,李新民.植物生物技术与植物资源开发利用.第三届全国农副产品综合利用化学学术会议论文集.武汉:1989
[30] Jochen Berlin., Endeavour., New Series. 1984 8(1), pp. 5-8
[31] Allan, E. J. & Fowler, M. W., Chem. & Ind. 1985 June 17, p. 409
[32] Whitaker, R. J. & Evans, D. A., CHEMTECH. 1987 Nov. pp. 674-679
[33] Huang, P. L., et al. Chem & Ind. 1992 April 20, p. 290
[34] Houghton, P. J., J. Chem Educ. 2001 Feb 2, 78(2), pp. 175-184
[35] Chem. Abs. 99 p. 7899; p. 15685; 1553637; 209906p
[36] Huang, P. L, et al., Chem & Ind. 1992. p. 279
[37] Minoru Seki, Shintaro Furusaki., CHEMTECH. 1996 March, pp. 41-45
[38] 唐晋等,化工进展,1998(3):4
[39] Kutney, J. P., Acc. Chem. Res. 1993 26, pp. 559-566
[40] Denner, H., Braun, R., Chem. Soc. Rev. 1999 28, p. 396

第八章　产品与工艺的绿色化革新与组合

8.1 概　　述

现代科学的特征是分工愈来愈细,综合愈来愈强,不同学科之间的相互渗透、交叉汇合派生出许多新的研究领域和新的学科。科学要发展,技术要进步就必须解放思想,突破定势思维,勇于和善于从其他学科中吸收新的内容来促进本学科的发展与提高。绿色化学就是在学科的交汇中形成的。

Graedel, T. E[1]最近发表了一篇题为"绿色化学是系统科学"(Green chemistry as systems science)的文章,他认为绿色化学不应该孤立地仅以产品与工艺的层次(或称亚系统Sub-system)来考虑问题,而应当"跳出烧瓶之外"(move "beyond the flask"),从更高的角度来看问题。他建议由四个层次来构成一个系统(图 8-1),理想的绿色化学所关注的不只是其中某一个层次,而是整个系统的优化。

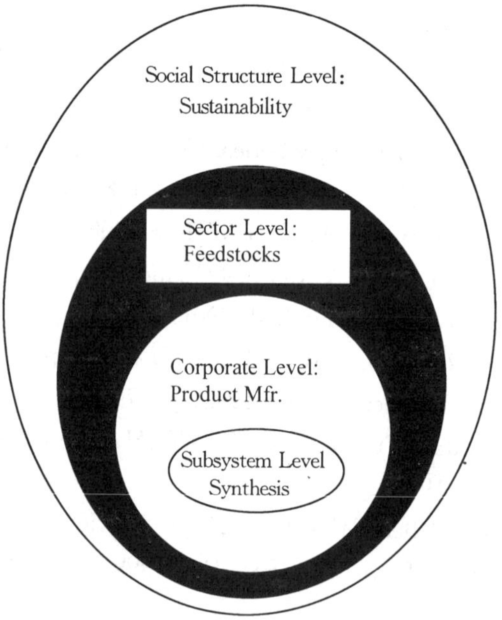

图 8-1　可持续性绿色化学的四个层次系统

Fig. 8-1　The four-level system for a sustainable green chemistry.

综合即是创造。据此,本章从技术的综合与结构的调整(零排放——工业生态学)两方面来进一步认识绿色化学。

8.2 综合运用高新技术对现有的产品与工艺进行绿色化技术改造

绿色化学是化学工业执行可持续发展方针的必由之路，这个认识不是天上掉下来的，而是人类根据“人与自然(环境)”、“人类社会的现在与未来(历史发展)”等关系，经过长期实践付出了沉重的代价才得出的结论。

化学工业的绿色化是个远景目标，也不是一蹴而就的，每一项成果都是广大科技工作者发挥聪明才智，经过艰辛的探索劳动才得到的。下面举几个例子来说明。

Ex. 8-1 己二酸生产工艺的绿化

己二酸(adipic acid)是尼龙 66(Nylon-66)的主要原料，世界年产量 220 万吨(2.2 million metric tons)[2]。

目前采用的生产方法以及绿色化更替的方法见图 8-2。

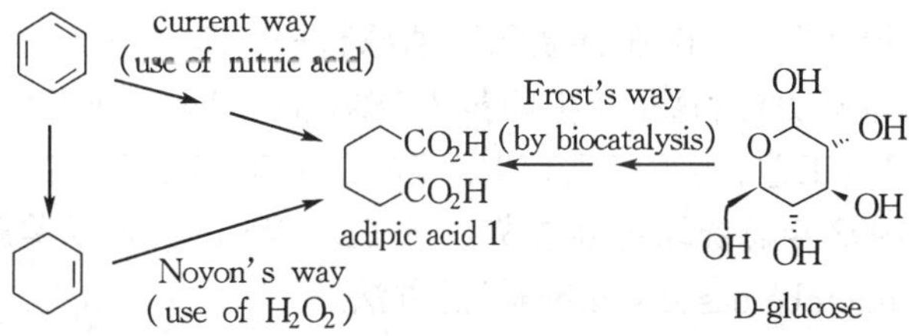

图 8-2 己二酸的生产方法

Fig. 8-2 Currently employed process for the manufacture of adipic acid (1) and environmentally friendly alternatives.

原有的工业方法是由苯被还原成环己烷，然后和环己酮、环己醇一起在硝酸氧化下得己二酸，要放出 N_2O 到环境中去[3]。

本法的缺点是硝酸不好操作，过程中要生产 N_2O，以及一定量的 $C_5 \sim C_6$ 二元酸。

过去对二元酸进行焚烧处理，现在发现它们的酯可以作为清洁溶剂以替代常用的氯烃(有害溶剂)，因此，$C_5 \sim C_6$ 二元酸经酯化、蒸馏、分离出售，变副产为联产，一项措施解决了二个环境问题[4]。

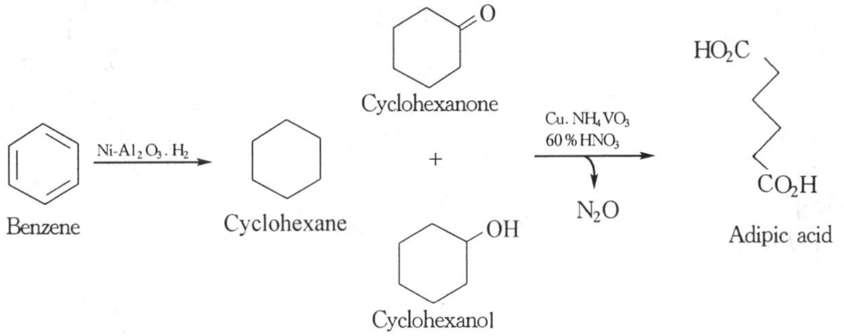

图 8-3 硝酸氧化法制己二酸

Fig. 8-3 The production of adipic from benzene

Noyori 采用了一条绿色途径(Green route)用催化量的氧化钨(tangsten oxide),以及相转移催化剂(PTC),用清洁试剂 30% H_2O_2 替代 60% HNO_3 作为氧化剂,与环己烯反应得到己二酸,反应机理如图 8-4[2]。

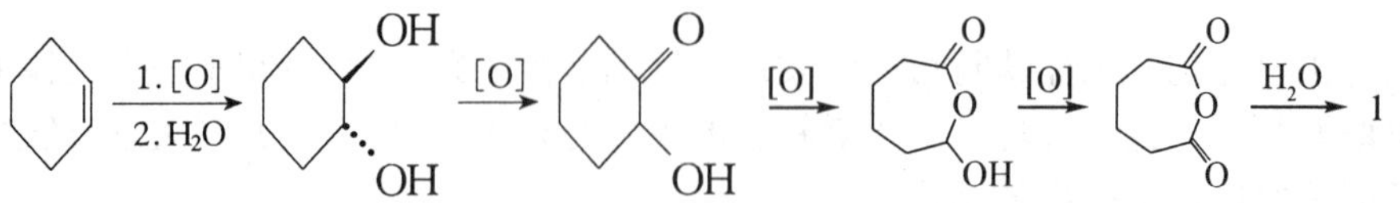

图 8-4 Noyori 法制己二酸的反应机理

Fig. 8-4 mechanism of Noyori's mathod

这是将两个比较成熟的反应综合起来,在生产己二酸中的新应用,第一步是环己烯起环氧化反应(expoxidation),然后水解开环得到二醇,进一步氧化并起 Baeyer-Villiger 重排,然后将生成的酸酐水解而得到最终产品己二酸。

本工艺的特点是:①以 30% H_2O_2 为氧化剂兼溶剂,这是个环境相容性的试剂。不用氯烃作溶剂,也不产生 N_2O,只生成产物与水。②比 HNO_3 法的反应条件温和,温度、压力均低。所以比硝酸法"绿化"了一步,但还要用石油原料——苯。

更为理想的是 Frost 方法,这是用生物技术(Biotechnology)处理生物资源(Biomass),生产化工产品的典型绿色工艺,实现了人们"用淀粉工业架起工农业间的桥梁"的理想。[5]美国环保局(EPA)将 1998 年总统绿色挑战奖授予 Frost 与 Draths 以奖励他们发明的这个用微生物合成己二酸(microbe-based synthesis)的方法。

葡萄糖通过大肠杆菌突变体(Escherichia coli mutat)为生物催化剂(biocatalyst),中间经过 3-脱氢莽草酸(3-dehydro shikimate, DHS),这是植物次生代谢,产生芳香化合物的关键中间体,所以本法也可称为莽草酸路线(shikimic acid pathway),本法的高明之处也就在此,因为通过 DHS 可进而构成制造含氧化合物的生产"树"(tree of oxychemicals),其枝桠已有己二酸、儿茶酚与没食子酸,它们可以应用于生产批量产品(bulk chemicals)、精细化工品(Fine chemicals)与超精细化工产品(ultrafine chemicals),见图 8-5。

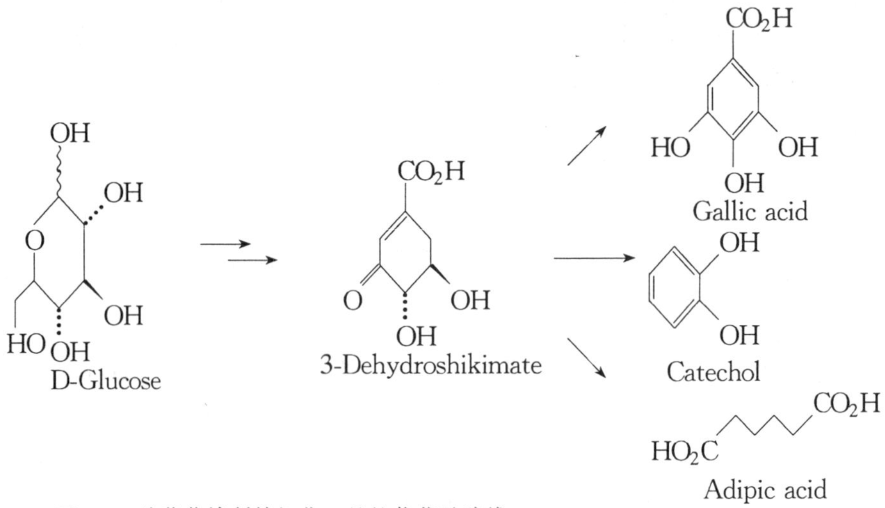

图 8-5 从葡萄糖制精细化工品的莽草酸路线

Fig. 8-5 Conversion of glucose provides route to bulk, fine, and ultrafine chemicals

Frost 等以“sweetening chemical manufacture”(甜蜜的化工生产)为题,对此路线作了比较详细的介绍[3]。

当代最激动人心的课题之一,就是有机化学家转变思想,用新的观点、新的方法、在分子水平上阐明生命现象。上述莽草酸路线是用生化方法处理生物资源,而且遵循生源合成的路线,在分子水平上架起了工农业之间的桥梁。所以能够有效地、丰富多彩地利用生物资源,是真正的高新技术,绿色工艺。

Ex. 8-2　靛蓝(indigo)的绿色生产工艺

在年产 13 000 吨的靛蓝中,多数采用 19 世纪沿袭下来的 N-苯基甘氨酸碱熔法。N-苯基甘氨酸是由苯胺与氯乙酸或者由苯胺与氯乙酸或者由苯胺、氢氰酸、甲醛来制备,它们的缺点很多,原子利用率很低,而且伴生出大量的无机盐。

最近 Mitsui Toatsu 公学公司开发了一种催化法生产靛蓝的工艺,本法是用烷基过氧化物(alkyl hydroperoxide)在含钼均相催化剂作用下,将吲哚选择性地氧化成为靛蓝,用异丙基苯过氧化物(cumene hydroperoxide)以 t-BuOH 为溶剂,加入少量 HAc 起反应时收率最好(81%),Mitsui Toatsu 公司制吲哚的方法是用苯胺与乙二醇在 Ag 为催化剂的多相催化反应中得到[6]。如果伴生的 ROH 能回收再用,那么就构成了一套完整的、洁净的催化技术路线,见图 8-6。

经典方法:

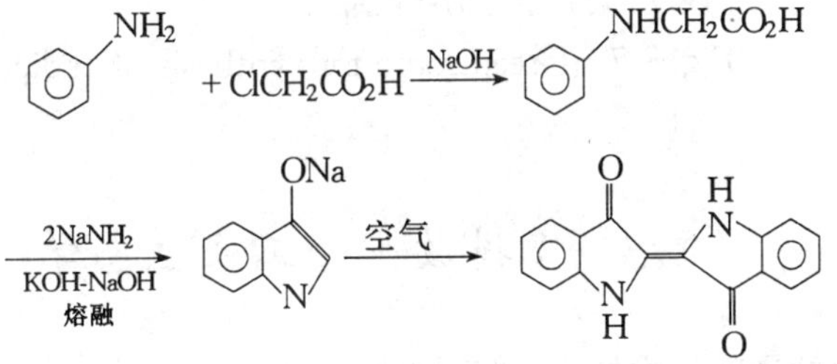

催化法:

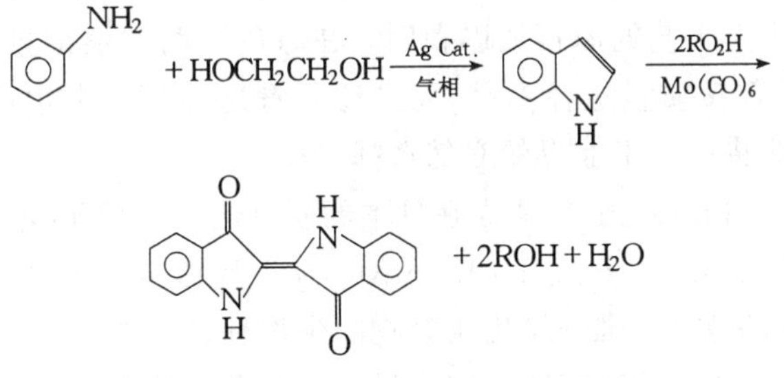

图 8-6　靛蓝的合成方法

Fig. 8-6　The synthesis of Indigo

有趣的是这种反应在将来会受到一种“绿色”路线的竞争,即葡萄糖发酵法,在早期发明的基础上[7],Genencor 的科学家近来报道了一种方法[8][9]:从 Pseudomonas Putida 得出的基因，其密码用于 Naphthalene dioxygenase 酶，插入 E. Cali 重组的株系，可使色氨酸(tryptophan)经过吲哚中间体而得到靛蓝。由于色氨酸可由葡萄糖发酵而得，所以由葡萄糖直接得靛蓝，在原则上是可行的，见图 8-7。

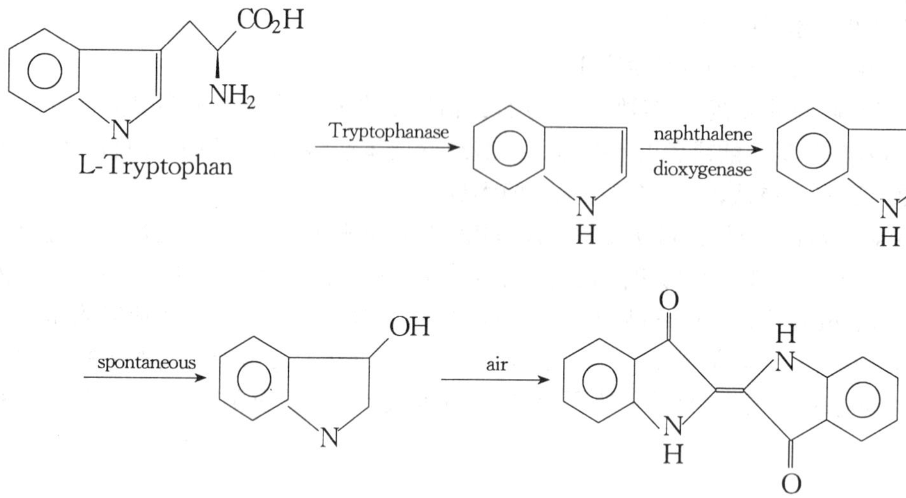

图 8-7　合成靛蓝的绿色路线

Fig. 8-7　Green route for synthesis of Indigo

8.3　零排放——工业生态学

清洁生产出现的最新模式是建立“零排放”工业和工厂，就是不排放有害环境的气体、污水、废渣和不造成其他有害影响，这种近于理想化的工厂已经陆续出现，在中国也不乏其例。这种工厂对所用的原材料吃干榨尽，整个生产是一个闭路循环的工艺过程。所排放的废物便作为另一个生产工艺的原料加以利用。在绿色文明的浪潮推动下，随着公众环境意识的提高，消费者不仅按质量选择商品，而且还要看这种商品在生产过程中对环境有无污染危害。零排放工业将成为工业界的必然选择[10]。

零排放(Zero Emission)是建立在日本的联合国大学(United Nations University, UNU)的 ZERI(Zero Emissions Research Intintive)小组于 1994 年提出的。它认为，“在自然界没有什么物质是白白浪费的，惟一排出废弃物的生物种是人类”，但是，即使在由人类建立起来的经济社会里，一个企业的废弃物会成为另一个企业的原材料，如果把各个产业组合起来，那么，从整个社会来说，每个企业在生产活动中产生的废弃物将会成为“零”[11]。

工业生态学(Industrial Ecology 简称 IE)，被认为是 21 世纪的环境化学研究中优先安排的项目之一[12]。工业生态学是一种通过减少原料消耗和改善生产程序以保护环境的新科学[13]。IE 是一种广泛的整体结构，使工业体系从线型模式(lineal model)转变成为闭合环型结构(Closed-loop model)与自然界的生态体系相似，有一个基本特点——没有废弃物。因为一家工厂产生的废弃物可作为另一家工厂的原料。因此要对经典的产品与工艺重新考虑，要创造对废弃物再用(Reuse)、回收(Recovery)以减少(Reduce)废弃物量以及对环境的损害[14]。即所谓3R的观念[11a]，从这里可以看出工业生态学与零排放是一个问题的两个方面：工业生态学是生产架构的组合，要达到的目标是零排放。

工业生态学可以概括为减少原料消耗、改进生产程序、缓和对环境的影响和全部处理废料。但在实际操作中，事情却复杂得多。

这一新学科的创始者之一，美国电话电报公司副总裁布拉德·艾伦比解释说："工业生态学应当被看作是对所有工业和经济实体以及它们与自然系统的基本联系(物理、化学和生态的联系)进行的多学科客观研究。"

"这种研究包括各种科研，涉及到能源生产及其使用、新材料、基础科学、经济科学、法律、管理、人类学和人文科学。"

按照布拉德·艾伦比的说法，这一又可以称之为"可持续性科学"的新学科应当成为理论科学的基础，以使人们能建设保护环境的经济[13]。

Barry F. Dambach 等为工业生态学作了以下的说明，意即通过它使人类审慎地、合理地在地球上保持着所需求的活动空间，使经济、文化与技术能够持续增长，通过环境的设计可使工业生态学贯彻当今整个的世界[15]。

生态工艺的目标是整体的最优化。

参 考 文 献

[1] Graedel, T. E., Pure Appl. Chem. 2001 Vol. 73 No. 8, pp. 1243-1246

[2] Carsten Bolm, et al., Angew. Chem. 1999 38 Nr 7. pp. 907-908

[3] John w. Frost and Karen M. Draths., Chem. Brit. 1995 March, pp. 206-209

[4] T. A. Koch, et al., New J. Chem. 1996 20, pp. 163-173

[5] Berkovitch, I., Manuf. Chmist. 1989 March, p. 41

[6] Honda, T., et al., Indoles. Eur. Pat. 1983 69242; Chem. Abs., 98 179218 1983

[7] Ensley, B. D.; et al., Science. 1983 222(4620), pp. 167-169

[8] Amato, I., Science. 1991 253 (5025), p. 1213

[9] Murdock, D., et al., Bio-Technology. 1993 11(3), pp. 381-386; Chem Abs., 119 47497h 1993

[10] 曲格平. 梦想与期待：中国环境保护的过去与未来. 北京：中国环境科学出版社，2000:114

[11] a. 张可喜，"何为零排放". 新民晚报，2001.4.14，第15版

b. James H. Krieges., Zero Emisaious Gathers Force As Global Envisonmental Coucept., C & EN. 1996 July 8, pp. 8-16.

[12] Anonymaus., Environ. Sci. Technol. 1997 Val 31, No. 1, 20A

[13] (法)洛伊克·肖沃，"工业生态学值得称道"，参考消息，1997.12.25

[14] Joseph Fiksee., Pure Appl. Chem. 2001 Val. 73, No. 8, pp. 1265-1268.

[15] Illman, D. L., C & EN. 1994 Sept 5. p. 27

第九章　绿色化学的展望

9.1　绿色化学的发展方向[1]

从绿色化学的目标来看有两方面必须重视：一是开发的“原子经济性”为基本原则的新化学反应过程；另一个是改进现有的化学工业，减少和消除污染。

1.新的化学反应过程研究：在原子经济性和可持续发展的基础上研究合成化学和催化的基础问题，即绿色合成和绿色催化问题。如美国孟山都(Monsanto)公司不用剧毒的氢氰酸和氨、甲醛为原料，以无毒无害的二乙醇胺为原料，开发了催化脱氢安全生产氨基二乙酸钠的技术，从而获得1996年美国总统绿色化学挑战奖中的变更合成路线奖。美国道(Dow)化学公司用CO_2代替对生态环境有害的氟氯烃作苯乙烯泡沫塑料的发泡剂，因而得到美国总统绿色化学挑战奖中的改变溶剂/反应条件奖。在有机化学品的生产中，有许多新的化学流程正在研究开发。如以新型钛硅分子筛为催化剂，开发烃类氧化反应；用过氧化氢氧化丙烯制环氧丙烷；用过氧化氢氨氧化环己酮合成环己酮肟；用催化剂的晶格氧作烃类选择性氧化反应，如用晶格氧氧化丁烷制顺酐，用晶格氧氧化邻二甲苯制苯酐等，这些新流程的开发是绿色化学领域中的新进展。

2.传统化学过程的绿色化学改造：这是一个很大的开发领域。如在烯烃的烷基化反应生产乙苯和异丙苯，生产过程中需要用酸催化反应，过去用液体HF催化剂，而现在可以用固体酸——分子筛催化合成，并配合固定床烷基化工艺，解决了环境污染问题。在异氰酸酯的生产过程中，过去一直用剧毒的光气作为合成原料，而现在可用CO_2和胺催化合成异氰酸酯，成为环境友好的化学工艺。

3.能源中的绿色化学问题和洁净煤化学技术：我国现今能源结构中，煤是主要能源。由于煤含硫量高和燃烧不完全，造成SO_2和大量烟尘排出，使大气污染。我国每年由燃烧排放的SO_2近1 600万吨，烟尘达1 300万吨。由SO_2产生的酸雨对生态环境的破坏十分严重。因此，研究和开发洁净煤化学技术是当务之急，这方面要重视研究催化燃烧技术，等离子除硫、除尘，生物化学除硫等新技术。严格控制排放标准和监察大气的质量，这是大气净化中的重要任务。

4. 资源再生和循环使用技术研究：自然界的资源有限，因此人类生产的各种化学品能否回收、再生和循环使用也是绿色化学研究的一个重要领域。世界塑料的年产量已达1亿吨，大部分是由石油裂解成乙烯、丙烯，经催化聚合而成的。而这1亿吨中约有5%经使用后当年就作为废弃物排放，如包装袋、地膜、饭盒、汽车垃圾等。我国推广地膜覆盖面积达7000万亩，塑料用量高达30万吨，“白色污染”和石油资源浪费十分严重。西欧各国提出3R原则：首先是降低(Reduce)塑料制品的用量，第二是提高塑料的稳定性，提倡推行塑料制品特别是塑料包装袋的再利用(Reuse),第三是重视塑料的再资源化(Recycle),回收废塑料、再生或再生产其他化学品、燃料油或焚烧发电供气等。同时在矿物资源方面亦有3R原则的问题。开矿提炼和制造金属材料亦是大量消耗能源和劳动力的工业,如铝材现已广泛应用于建材、飞机和日用品等方面,而纯铝要电解法制备,是一个大量耗电的工业,应该做好铝废弃物的回收和再生技术研究。

综上所述,绿色化学是近年来才被人们认识和开展研究的一门新兴学科,是实用背景强、国计民生急需解决的热点研究领域。在21世纪中它必将大展宏图,为人类可持续发展作出贡献。

9.2 我国的绿色化学研究战略[2]

我国的化学和化学工业实际情况是:(1)在未来的相当时期内石油、煤碳、天然气仍将是我国的主要能源和基本有机化学品的主要原料。目前,我国在使用汽油、柴油、煤的过程中给环境造成了很大的污染;(2)矿物资源没有得到环境友好的利用,制约了我国的冶金工业与环境的协调发展;(3)大量生物再生资源被浪费,缺乏战略和基础研究。因此,仅从目前国家需求和未来的战略眼光两个方面来看,必须加强以下三个方面的基础研究工作。

1. 突出强调绿色合成技术、方法和过程的研究:从我国国民经济技术支柱产业之一的石油化学工业2015年前的国家重大需求来看,对产量大且环境污染严重的加工技术的绿色化,应加强以石油资源绿色加工利用为背景,选择清洁汽油、柴油、基本有机化学品生产、重要精细化学品、农药和药物的绿色化学合成作为对象的基础研究工作,其科学目标是通过对石油化工及精细化工过程反应机理、环境友好反应原料(试剂)、新型催化剂、反应介质的研究,实现高原子经济性、高选择性反应,发展石油化工,精细化工的环境友好技术,为逐步建立与环境协调的可持续发展的化学工业提供化学和化学工程的科学技术基础。

2. 重视发展可持续再生资源的利用和转化技术:作为生物学的最主要成分的木质素和纤维素是地球上极为丰富、且可再生的有机资源,每年产生约有1 640亿吨,而为人类所利用的还不到20%,这些资源绝大部分在自然界中自然腐烂、分解,木质素几乎没有得到利用,而且由于量大,对环境造成巨大危害,因此,开展可再生资源的转化与利用的基础研究,对于21世纪国民经济的可持续发展和人类走向生存经济具有十分重要的意义。

3. 加快解决矿物资源高效利用中的绿色化学问题:我国钢铁产业现居世界第一,有色金属的产量居世界第二。但是,我国矿产资源特点是复杂,以多元素共生、伴生矿为主,细粒嵌布、结构复杂,化学分离困难,用传统的化学反应与分离方法,有用成分利用低,环境问题严重,关系到我国社会和经济的可持续发展。例如,攀枝花矿有用金属的利用率仅为10%,包头稀土回收率仅为5%,大量排放造成严重的资源与环境问题,冶金过程的绿色化工迫在眉睫,近年国内外迅速发展的绿色冶金(绿色化工)的关键问题都集中在基于环境协调发展的概念,深入系统地研究复杂矿物转化过程,特别是内在的化学规律,以及设计新的化学反应和新的反应过程,从源头有效地利用资源和减少排放,实现资源开发利用与环境生态的协调发展。

9.3 十项可能改变环境的新技术(美国)[3]

美国能源部太平洋西北国家实验室在其发表的“环境技术预测报告”中列出了10项有

可能改变环境的新技术,它们是:

1. 农业广泛采用遗传工程技术培育出抗病虫害能力强的作物,因而可大大减少杀虫剂的使用,这种遗传工程作物对水和肥料的需求也将大大减少;

2. 污水处理厂采用新的过滤装置,人们将利用像海绵一样的砂粒来吸收和固定污染物,以确保饮用水的清洁;

3. 由于采用新的储能装置,人类对石油的需求将大大减少,而更多地依靠太阳能和风力发电;

4. 微型制造技术的进展使得人们制造出更加节能的极其微小的机器,比如微型热泵可用于取暖和降温;

5. 电子出版物将大大减少对纸张和墨水的需求及其对环境的影响。

6. 科学家掌握了物质在分子水平上的运动规律,能够研制和开发出更加有效的能源装置;

7. 科学家利用生物技术可让微生物和植物"生长"出有利于环境的化学物质以及用于制造药物和燃料的生物原料。

8. 超级市场将利用环境传感器来监测大肠杆菌和食物中其他有害健康的细菌,这种传感器还能在医院监测环境和预防感染;

9. 回收技术得到广泛应用。环保公司将生产出能生物降解和回收的塑料、纸张、饮料容器、墨水瓶以及废弃的汽车和电脑;

10. 小汽车 1 加仑汽油可行使 80 英里,排出的废气将大大减少。

9.4 日本专家建议确立新化学工程技术体系[4]

日本学术会议不久前发表的一项研究报告指出,应该确立"综合性化学工程技术"体系,以构筑与环境相协调的物质循环社会。

这项题为《构筑支持未来社会的"综合性化学工程技术体系"和培养国际性化学工程技术人才》的报告认为,"21 世纪的化学工业应该为构筑与环境相协调的物质行政环型社会作出贡献,应该在严峻的国际竞争中推进结构改革。"为此,有必要确立新的化学工程技术体系。

日本学者在报告中列举了为此必须加紧研究开发的六大基础技术:控制物质的中、微观结构的技术、高分子材料精密制造工艺的基础技术、利用催化剂的基础技术、应用超临界流体的基础技术,应用生物技术的基础技术和实现物质循环的基础技术。报告建议设立专门机构研究这些问题。

9.5 绿色工艺与绿色产品的展望

J. A. Cusumano[5]结合经济增长与环境持续发展的要求以及技术的可行性,预测了今后 10 年、20 年与 50 年内可能开发的产品与工艺,供政府、工业与科研院所参考:

2000AD:

- 在固定与移动能源中采用催化燃烧法作为无污染动力。
- 用生物催化法除去石油馏份的硫、氮与金属。

●在精细化工生产中，采用催化技术得到光学纯手性产品，减少有害原料与有毒副产物。

●化学合成中采用大孔分子筛作择形(Shape-Selective)催化剂。

●新的环境相容性(environment benign)的氟碳烷(CFC)替代品。

●石油化工中，原料由烯烃改为烷烃(在工业中广泛应用选择性的烷烃功能化反应)。

●考查催化剂作用中(in action)的现场直观(in situ)技术，并且采用方便的分子图谱(molecular graphics)与量子力学程序(quantum mechanical programe)两种有效的新方法，推动应用催化剂的分子设计。

●以安全的固体催化剂替代有害的液体催化剂，如 HF，H_2SO_4 与 HNO_3。

●广泛应用燃料电池作为固定能源。

●通过采用单作用点(Single-site)茂金属催化剂(metallocene catalysts)来合成具有设计者所要求的物理特性的、高性能聚烯烃。

2010AD:

●一种经济的，能直接液化甲烷的装置，达到工业化水平。

●经济可行的光解水制 H_2 与 O_2。

●增效的、多功能化催化反应——在同一体系中的酶、无机与金属有机催化剂。

●小分子催化剂用于治疗；工程化酶(engineered enzymes)与催化抗体(catalyticantibodies)应用于化工生产中。

●耐高温无机、有机高聚物。

●CO_2 作为原料，用于化工生产。

●在环境——经济更密切结合的反应与产品的分离中，广泛应用膜技术与多功能催化反应器(multifunctional catalytic reactors)。

●药物学中的超分子催化反应(supramolecular catalysis)，分子铭记(molecular imprinting)模式识别(model Recogniction)。

●含极性单体(polar monomeric unit)聚烯烃材料的进展。

●微生物中酶的蛋白质工程(系列反应的串联工程化途径)用于化工生产。

●环境相容性的电催化过程。

●在移动体系中燃料电池的商品化。

●合成酶应用于燃料与化工过程。

2040AD:

●氢——经济的燃料与化工品，将得到广泛的应用。

●复合高分子将替代大多数金属与合金。

●化工原料由石油烃转移到再生生物资源(renewable bio-feedstocks)。

●由活体植物(living plants)生产化工产品。

可持续发展，绿色合成是将经济效益、社会效益、环境效益同时考虑的。21 世纪的环保行业将形成巨大的支柱产业。

1997 年国际市场对环保技术和产品的需求已达 2 000 亿美元，预计 2000 年达 3 000 亿美元，2010 年达 7 500～18 000 亿美元[6]。

我国国家环保总局局长解振华在 1998 年 6 月 24 日举行的记者招待会上宣布：九五期间，我国将投资 1 800 多亿元人民币，完成 150 多个污染治理和生态恢复工程，到 2000 年力争使环境污染和生态破坏的趋势得到基本控制；到 2010 年基本改变生态环境恶化的状态。

国家经贸委资源节约与综合利用司副司长翟青说,“十五”期间,我国环保产业总产值平均增长率将达到15%左右,预计到2005年,我国环保产业总产值将达到2000亿元,其中环保设备及产品生产将达到500亿元,资源综合利用产值将达到950亿元,环境服务产值将达到500亿元[7]。

21世纪将通过绿色化学的创新,掀起化学工业发展的新高潮。

让我们在邓小平理论以及江泽民同志关于“三个代表”的重要思想指导下,认真执行可持续发展的战略方针,结合我国以及本地区的特点,调动一切积极因素、努力研究开发绿色合成工艺,满怀信心地在21世纪——绿色时代,为建设有中国特色社会主义祖国作出新的贡献。

参 考 文 献

[1] 中国科学院化学学部,国家自然科学基金委化学科学部组织编写.展望21世纪的化学.北京:化学工业出版社,2000.5:92~93

[2] 梁文平,唐晋.自然科学进展.2000.10(12):1143~1145

[3] 新华社华盛顿1998年5月5日电.新民晚报,98.5.7,第15版

[4] 科技文摘报,2000.3.28,第3版

[5] Cusumano, J. A., J. Chem. Educ. 1995 72(11), pp. 959~964

[6] 新民晚报,1997.4.10,第12版

[7] 新民晚报,2002.4.1,第21版

编　后

在各界朋友们的鼓励与支持下，我终于编写成了这本教材。

绿色化学是一门多学科交叉形成的新领域。发展极快，内容极丰富，在文献的海洋中要选编写成一份适用于一个学期教学用的选修课教材，只有选之又选，重中选重，新中选新。对于编者来讲编写的过程也是个学习的过程，通过编写本教材，进一步感到绿色化学是应当深入探索的重要领域。在有关专业的师生以及厂矿负责干部和技术人员中开展关于绿色化学的学习、研究与开发，是摆在我们面前的一项重任。

历史进入21世纪，中国加入了WTO。环境经济的要求，科学技术的发展，迫使我们不得不学习与研究绿色化学，如果这本小册子能够帮助读者尽快进入这个领域，那就达到编写的目的了。

感谢华中师范大学朱正方教授与武汉大学徐方教授审阅书稿，并提出了许多宝贵的意见和建议；感谢武汉大学出版社夏炽元编辑和他的同事们为本书的审阅、校订和加工付出了辛勤的劳动。由于有这些同志们的鼓励、支持和帮助，使本书得以顺利地与读者见面。

敬请各位读者批评指正。

徐汉生

2001年5月1日